U0187713

Space
10 Things You
Should Know

十堂极简宇宙课

写给大众的深奥宇宙极简说明书

[英] 贝基·斯梅瑟斯特 / 著

林文杰 / 译

北京联合出版公司
Beijing United Publishing Co.,Ltd.

关于作者

　　贝基·斯梅瑟斯特博士（Dr. Becky Smethurst）是一位就职于英国牛津大学的天体物理学家，目前的研究方向是星系和黑洞是如何共生的。她在 YouTube 网站上开设了"贝基博士"（Dr. Becky）频道，为观众解释宇宙的未解之谜和太空中的怪诞天体，并且每周都会播报一次综合太空新闻，目前已有超过 10 万名订阅者。她还为"60 个符号"（Sixty Symbols）频道提供物理视频素材，并为"深空视频"（Deep Sky Videos）频道提供天文学视频。贝基博士曾于 2015 年获得英国物理学会的物理学传播杰出青年奖，在 2014 年国际科学一叮科学传播比赛英国全国总决赛中成为观众票选冠军和评审团亚军。

亲爱的读者，不论你是何种身份

你对本书一定充满了好奇

那么请打开它，开始阅读吧

我要感谢我的父亲

是他提醒我

不要整天只是埋头核算那些科学数据

Foreword
推荐序

这是一本关于宇宙的入门书

2000 多年前，无论是西方文明还是东方文明，仅仅知道太阳系中的五大行星以及少许恒星。然而，此时的一些思想家已经在思考一些宏大的宇宙问题。中国的诗人屈原就在《天问》中写道："遂古之初，谁传道之？上下未形，何由考之？"试图追问宇宙诞生之理。然而，在之后的将近 2000 年的时间里，这个问题一直悬而未解。

400 多年前，意大利的科学家伽利略利用望远镜为我们打开了一扇认识宇宙的窗口，之后的 300 年间，我们逐步认识了银河系。20 世纪 20 年代，从 1920 年的有关宇宙大小的世纪大辩论到1924年美国天文学家哈勃确认河外星系，再到1929年观测到宇宙膨胀，这几项发现开启了我们对于现代宇宙学的认识的新征程。在接下来将近一个世纪的时间里，我们对于宇宙的认知已经发生了翻天覆地的变化。

浩瀚宇宙有着太多太多让我们着迷兴奋的事物，如果要将所有的发现写成书，一个人以毕生精力也读不完，就犹如中国古代典籍浩如烟海一般。中国的著名学者金克木先生就中国文化典籍做了筛选，最终选了10部典籍供读者阅读，读完之后就可以对中国传统文化的脉络有所了解。而本书作者贝基·斯梅瑟斯特博士作为牛津大学的天体物理学家，不仅是星系和黑洞等领域的研究专家，还有很多科学传播经验，她也选择了10个大众最为感兴趣，又是最为重要的问题做了解答。这就是您现在正在阅读的《十堂极简宇宙课》。

我们看到的日月星辰，看到的银河，看到的太阳发光，包括我们自身能够存在，这些都是引力作用的结果，而且也正是牛顿发现导致苹果下落的万有引力开启了我们精确认识宇宙的第一步。所以，在本书开始的第一课，作者就介绍了引力为什么在宇宙当中很重要。而如今，悬疑2000多年的有关宇宙起源的"屈原天问"也已得到解答，我们所在的宇宙诞生于138亿年前的一次大爆炸，作者在第二课就讲述了这个大家非常关心的问题；我们不仅知道宇宙中有类似于我们太阳的恒星，还有很多之前未曾料想到的天体，比如黑洞、中子星；得益于望远镜技术的发展，我们不仅在太阳系内发现了更多的行星，还在太阳系外找到了几千颗系外行星；我们也相信地球不应该是宇宙中唯一有生命的地方，在宇宙的某个其他角落，也应该有着生命的存在；而更让我们称奇的是宇宙的组成，原来我们熟悉了解的物质仅仅占了整个宇宙的极小一部分，原来绝大多数宇宙我们还几乎一无所知。这些发现在本书当中都有所讲述。

　　尽管我们发现了许多令人兴奋的事物，不过时常还是会被问起"为什么要关心宇宙""为什么要探索太空"的问题，很多人会想起当年 NASA 给赞比亚修女 Mary Jucunda 的经典回复："太空探索不仅仅给人类提供一面审视自己的镜子，它还能给我们带来全新的技术、全新的挑战和进取精神，以及面对严峻现实问题时依然乐观自信的心态。"对此问题，当然还有不少其他回答。美国的天文学家尼尔·泰森就曾说过："想想一个成年人如何看待孩子们认为大不了的创伤：打翻的牛奶、摔坏的玩具、擦伤的膝盖。作为成年人，我们知道孩子对什么是真正的问题一无所知，因为缺乏经验大大地限制了他们作为儿童的观念。孩子们还不知道这个世界不是围着他们转的。现在想象一个世界，其中每个人，特别是有权势和影响力的人，对我们在宇宙中的位置拥有开阔的眼界。如果从这个视角出发，我们的问题就会缩小，或者根本不会出现。"

我完全赞同他们的观点，当然，我还有着一些自己的看法。如果我们从整个人类文明进步的历史来看，每次对于宇宙的深入认识，最终都会推动整个人类社会和文明的进步。牛顿的万有引力理论的提出，最终推动了西方科学的发展和工业革命，才有了我们后来所知道的工业化社会。所以，宇宙探索给了我们人类社会非常多的回赠。不过归根结底，宇宙探索是人类对于我们这个世界充满好奇心的结果。

之前，偶然看到物理学家伦纳德·蒙洛迪诺讲述他父亲的故事让我印象颇为深刻。他的父亲身处纳粹集中营，碰巧和一个数学家被关在一起，数学家给这位只有小学文化程度的父亲出了一道难题，当然父亲没能做出来。不过，蒙洛迪诺的父亲很想知道这个数学问题的答案，并且想要知道那道题答案的欲望是如此强烈，尽管食不果腹、憔悴不堪，甚至生命有时都难以维持，最终还是拿自己的面包换取了答案。在整个人类的历史当中，有不少人对于宇宙也充满了像蒙洛迪诺的父亲一般的探索欲，想要知道宇宙的奥秘，正是他们的持续努力，才有了这些我们所了解的宇宙知识。

　　《十堂极简宇宙课》是一本有关宇宙的科普入门书。读完此书，相信它会让您在对宇宙有了更多清晰了解的同时，也能够开启您心中最原始的那份宇宙好奇心。

苟利军

中国科学院国家天文台研究员
中国科学院大学教授
《中国国家天文》执行总编

Preface
前言

　　科学的奇妙之处在于所有问题并没有正确的答案，这和我们小时候学的科学可不一样。在课堂上，科学理论都是通过一个个确凿的事实呈现，并且以一种大家习惯的理解方式传递给学生。幸运的是，现实中的科学比课堂上的更具创造性：作为一名科学家，就像在修复一块不断变化却仍旧残缺的拼图。得益于前人几十年甚至上百年的研究积累，我们才能更好地理解当今的科学知识。虽然仍有一些科学领域存在零星的缺失，一些领域甚至还存在着无法逾越的巨大鸿沟，但我们可以巧妙地利用数学或数据弥补这些缺憾。

　　科学的本质就是抛出各种没有人知道答案的问题。为了寻找人们所谓的正确答案——你和你的同事以及前辈们搜集了大量证据和事实，只为了攻破以往的科学谜团——这很关键。这意味着科学正在飞速进步，科学家的理论也日趋成熟，甚至有时当证据被曝光以后，这些理论会产生相反的效果。

所以，我的读者们，这本书的内容可能具有局限性。书中关于太空的这十件事在现阶段都是被大家认可的，可谁又能保证50年后它们还是正确的呢？或许如今我们对暗物质的理论会被后人嘲笑，正如现在的我们也不相信饱读诗书的前辈们曾经笃定地球处于宇宙的中心，或者原子不可能分裂成更小的粒子。然而，这并不代表我们就可以忽略这个知识点，以及它揭示的我们所处世界的奇妙性。

本书章节涵盖了一些最成功的理论演变背后的要点，这些要点描述了太空中独特又有趣的物质和现象，适合那些想深度了解太空，或对太空中的这些奥秘还很陌生的读者们阅读。这本书将带你游览整个宇宙：从宇宙大爆炸到神秘的暗物质，引发你对地球以外是否真实存在生命的思考。如果本文对黑洞的论述过多，那是因为我对这块领域真的十分感兴趣。我坐在牛津大学天体物理学系的办公桌边，尝试着研究这些奥秘如何影响它们所处的星系，努力拼好属于我的那块拼图。

最后，我们仍然不知道宇宙中的终极谜团是什么，也永远无法确定关于宇宙谜团的解答是否正确。但是，作为一名天文学家，我们的追求是不断对宇宙进行探索，拓展我们的知识面，直至揭开宇宙的运行机制以及我们银河系的奥秘。因此，我也希望这本书能够帮助你了解虽然仍在探索中，但已经足够伟大的宇宙。

Contents

目录

第一课　为什么引力如此重要　　　　　1

第二课　早期宇宙，一切皆空　　　　　11

第三课　黑洞简史　　　　　21

第四课　你没看见，不代表它不存在　　　　　33

第五课　我们究竟能走多远　　　　　43

第六课　寻找地球 2.0　　　　　55

第七课　夜空为什么是无尽的黑暗　　　　　65

第八课　可能真的有外星人　　　　　73

第九课　先有鸡还是先有蛋　　　　　83

第十课　我们不懂的地方还很多　　　　　95

致 谢　　　　　106

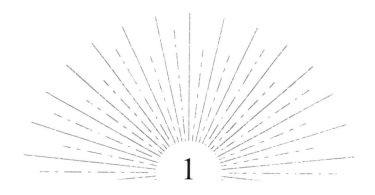

第一课

为什么引力
如此重要

我们的太阳只不过是银河系千亿颗恒星中的一员。银河系就像一个由气体、尘埃和恒星组成的"宇宙岛",直径超过 10 万光年。在银河系的中央有一个黑洞,质量比太阳的质量大 400 万倍,我们称之为超大质量黑洞。这个黑洞和太阳一样,是整个银河系的引力驱动中心。

几个世纪前,艾萨克·牛顿(Isaac Newton)发现了万有引力定律:两个物体之间的引力与它们各自的质量成正比,质量较大的物体会给质量较轻的物体施加更大的作用力。这一作用力还取决于两个物体之间的距离,如果距离加倍,那么该作用力将减弱四分之一。根据万有引力定律,我们可以计算出宇宙中任意两个物体之间的引力影响,甚至可以计算出你和脚下大地之间的引力是多少。[1]

---

1 根据万有引力定律,地球对你的吸引力大约 500 至 1000 牛,具体取决于你的体重。人类咬一口苹果的力的大小约为 700 牛,而一只大白鲨的咬力则高达 18000 牛!

万有引力定律使混乱的一切开始井然有序；毕竟，正因为万有引力的存在，才有了我们的太阳系。在太阳形成之前，这片空间中只有一团由氢气和氦气组成的巨型气体云，气体云中有上一代恒星遗留下来的较重元素，包括氧、碳和铁等。由于每一个原子具有一定的质量，这些粒子在这团混乱的气体云中其余粒子的引力作用影响下，开始不断聚集。一团粒子吸引着另一团粒子，直到最终，引力克服了周围旋转的所有粒子的能量，并将这些粒子聚集在一起，使它们冷却下来。接下来，轮到气体云坍缩，气压骤升、密度升高，气体云的高温点燃了核聚变，于是我们的恒星就此诞生。

核聚变是类太阳恒星的能量来源，该反应由四个氢原子参与，形成一个氦核并释放能量，这就是夜空中繁星点点的原因。就这样，曾经只是一团旋转的、充满了原子的气体云，由于引力坍缩变成了一颗燃烧着的原恒星。

现在，那团不停旋转着的气体云也承载着一些宇宙历史信息，比如早几代恒星，甚至是宇宙形成初期的第一批恒星遗留下来的角动量[1]。总的来说，气体云在聚集之时就会朝某个方向旋转，因此当粒子在引力作用下开始聚集时，它们的旋转方向会保持一致，那么原太阳[2]的自转方向就基本确定了。早期太阳附近剩余的气体云发生的变化，就像我们在头顶上旋转一块比萨时发生的情况一样：这些剩余的气体云将被压扁成一个碟状结构或圆盘，并且继续旋转着。在圆盘内部，粒子之间的引力作用继续存在。太阳附近形成原行星[3]的粒子团将越来越多，因此我们能够看到一幅所有行星（包括彗星、小行星以及其他遗留的陨石）都绕行在太阳附近的轨道上，并朝着同一个方向运行的美丽景象。这就是我们认同的、包括太阳在内的所有恒星系统的形成方式。

1　角动量（angular momentum）在物理学中是指物体到原点的位移和动量相关的物理量，它表征质点矢径扫过面积的速度大小，或刚体定轴转动的剧烈程度。——编者注

2　天文学中，原太阳（proto-sun）指形成太阳的弥漫、等温和密度均匀的星际云。——编者注

3　原行星（proto-planet）是在原行星盘内大小如同月球尺度的胚胎行星，它们应该是由千米尺度的微行星因彼此的重力相互吸引与碰撞而形成的。——编者注

　　同样的过程也出现在我们的地月系统中。地球自转的方向与公转方向之所以相同，也是因为地球是通过微小粒子聚集在一起形成的，这些粒子继承了上一代恒星的角动量。同样地，月球绕地球公转方向和地球自转方向也是一致的。

　　除此之外，它们没有别的相似点了，因为月球的其他属性都很独特。在月球上，一天和一年是一样长的，也就是说，月球绕轴自转的时间（即一天）和月球绕地公转的时间（即一年）是相等的，都需要 28 个地球日。如果地球也遵循这个例子中的物理规律，那么在整整一年的时间中，一半地球将永远是白天，而另一半地球将永远处于黑夜之中。如果地球自转和公转的速度相同，那么地球的一半将永远朝向太阳。这就是为什么我们只能看到月球的一面，而永远看不到月球的另一面，因为月球的另一面从未朝向我们。不过，这并不代表没有朝向地球那一面的月球是黑暗的，太阳会照亮它。这也能解释我们看到的月球相位：当我们看到满月的时候，月球正对着太阳，太阳将朝向地球的月球面完全照亮了；而当我们看到的是新月时，月球正处于地球和太阳的中间，太阳照亮的是地球上看不到的另一面月球。

如果你想了解为什么我们不能每 28 天看到一次全日食，我来告诉你，这是因为月球的轨道与地球绕着太阳的轨道不在一个平面上，月球的轨道倾斜了 5°，因此有时候在新月阶段，天空中的月球要么在太阳上面一些，要么在太阳下面一点。地月系统的所有特点看起来都是偶然出现的，但实际上揭示了月球形成的奥秘。或许你认为与地球在太阳附近形成的情况相类似，月球也是在相同环境下绕着地球形成的，也就是说，月球是从行星残留物中演变而来的。但科学家关于月球形成的最成熟理论远比这个说法更加戏剧化，这个理论叫作"大撞击假说"（Giant Impact Hypothesis），它阐述的是另一个绕日运行的原行星与太阳系早期的原地球发生碰撞，撞击产生的能量非常大、温度极高，熔化了原行星和近一半的地球物质。大量物质被抛掷到太空中，随着地球恢复原状并且保持旋转，那些被熔化、冷却的物质没能逃脱来自地球引力的拖拽。就这样，它们被引力拽入一个旋转的圆盘中，聚集在一起并最终形成了月球。

这个理论解释了为什么地球自转轴是倾斜的。在那场撞击中，地球受到了剧烈撞击，导致它的自转轴轻微地转向一侧，倾斜了大概23°，就像一只可爱的狗偏头望着你一样。这说明当地球在绕日轨道上运行时，我们的南半球正值夏季，太阳光能照射到南极点；6个月后，太阳光照射到北极点，因此地球才产生了四季更替的景象。由于地球自转轴的倾斜，太阳直射点移动到南半球或北半球的时候，对应半球的温度就会升高。

仅凭一个简单的万有引力定律，就能让曾经混沌的宇宙进入一个有条不紊且平静的状态，真的令人不可思议。同样，由于这个物理定律，还引发了苹果从树上掉落、我们的脚踩在大地上以及地球四季更迭的规律，影响着银河系和太阳系中的一切。不仅是我们所在的星系，万有引力定律还影响着我们未知的星际领域，在银河系之外，我们能够看到宇宙中各个方向都存在着更多形状和大小各异的"宇宙岛"。引力使它们从一个巨型混乱的氢气粒子云变成了有秩序且拥有美丽螺旋结构的系统。

尽管万有引力造就了这些美丽的"宇宙岛"，但同样也能够摧毁它们。大多数星系并不是独立存在的，引力将它们绑在了一起。我们的银河系和仙女座星系（Andromeda）都属于本星系群，它们是本星系群中的两大星系，通过引力彼此牵绊着对方。未来的某一天，大约 40 亿年后，银河系与仙女座星系将相互碰撞，两者之间存在的引力会将它们撕裂开，进而干扰到所有恒星的运行轨道。等一切都尘埃落定的时候，一个更大的星系就此形成，我们称之为"银女星系"（Milkomeda）。

接下来的这个例子运用了另一个物理定律，即热力学第二定律。热力学第二定律阐述的是一个系统的熵不会随着时间而减少。熵是衡量某个系统混乱程度的单位，能够观察系统中粒子的随机运动。因此，随着时间的推移，宇宙作为一个整体必然会变得更加随机。40 亿年至50 亿年后，我们的太阳将耗尽燃料并吞噬整个太阳系，太阳系内的所有物质都将变成一团混乱的气体云。银河系中的恒星最终将置身于混沌中，它们会随机围绕着"银女星系"中心运行。这就是整个宇宙中所有物质的命运，即使物理定律创造了宇宙的秩序感，宇宙也会将这一切再次打乱。

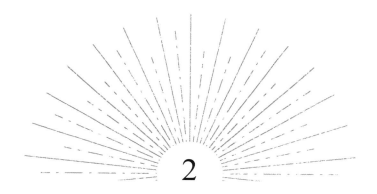

2

第二课

早期宇宙，
一切皆空

人类的大脑无法真正理解"空"的含义。仅凭意念，我们很容易把"空"想象成某些物质。我们的大脑很难理解宇宙大爆炸发生之前"一切皆空"的真正概念。如果没有发生那次宇宙大爆炸，那么这里提到的"宇宙大爆炸发生之前"的时间点也不存在，因为时间本身就是在宇宙大爆炸期间才出现的一种概念。甚至连宇宙都是在大爆炸发生后才形成的，所以我们无处可寻，一切皆空。宇宙中的所有能量和物质都来源于那场大爆炸，而作为渺小的人类，我们也只是宇宙总质能中的沧海一粟。根据热力学第一定律，能量既不能被创造也不能被消灭，因此我们只能研究宇宙大爆炸留给我们的有限线索——毕竟银河系后花园里并没有种着一棵神秘的能量树，能够帮助我们更加深入地研究宇宙大爆炸。

　　在天文学简史上，我最感兴趣的就是探索宇宙大爆炸发生的具体过程。在极为短暂的一瞬间，宇宙从一个直径只有数十万光年的空间，膨胀成一个拥有数千亿星系、生机勃勃的世界。我热爱那个颠覆人类世界观的时代。就像 500 年前，当来自欧洲的探险家们站在他们的船上掌舵，看到美洲海岸映入眼帘时的心态变化一样，他们熟悉的世界版图在我们能够想象的最大范围内陡然扩大了。这个版图的范围之大，以至于今天的我们都难以理解和消化。

但是，首先我们要明确一件事，实际上宇宙大爆炸也不是真正意义上的"爆炸"。科学家之所以这样命名，是为了与当时比较流行的稳态宇宙理论形成鲜明对比。稳态宇宙理论认为，随着宇宙的膨胀，新物质会不断产生，该理论在 20 世纪 30 年代一直困扰着天文学家。

1929 年[1]，一位名为埃德温·哈勃（Edwin Hubble）的年轻人为天文界带来了一次重大突破——他借鉴了沙普利（Shapley）、柯蒂斯（Curtis）以及奥皮克（Öpik）等人的研究成果，提出了宇宙正在膨胀的观点。最开始天文学并不在哈勃的职业规划内，他早年专注于体育运动，

1　两年前，天文学家勒梅特（Lemaître）曾在一本法国杂志上作过一个理论预言，但他的预言在 20 世纪的大部分时间内都处于石沉大海的状态。现在这场大变革将勒梅特的理论重新带到世人眼前，并被大众广泛认可。

之后几年又在律师培训行业工作。但当哈勃的兴趣转移到天文学之后，他开始就职于加利福尼亚州的天文台，并在那里观测到了当时被称为旋涡星云（spiral nebulae）[1] 的天体。当时，太空中只要是明显不属于恒星的、模糊而灰暗的物质都可以被称为星云。这些星云看上去非常模糊，并且充满了尘埃等物质，显得相当朦胧，我们可以在银河系内的恒星形成区域、超新星[2] 遗迹以及当时还鲜为人知的由数十亿颗恒星组成的遥远星系中发现它们。哈勃尝试着利用恒星周期性脉动引发的光变周期来计算地球到这些旋涡星云的距离。这些恒星被称为造父变星（Cepheid Variable）[3]，在 20 世纪早期曾由天文学家亨丽爱

1　旋涡星云是螺旋星系的旧名称，直到 20 世纪初期，天文学家还认为这些是星云，像是旋涡星系，是我们银河系内数种星云中的一种。——编者注

2　超新星指的是当一颗大质量恒星的燃料（也就是氢气）耗尽的时候，在引力的作用下向内发生坍缩，通过一次巨大的爆炸，导致气体层从恒星的核心爆发出去。

3　造父变星是变星的一种，它的光变周期（即亮度变化一周的时间）与它的光度成正比，因此可用于测量星系之间的距离。——编者注

塔·勒维特（Henrietta Leavitt）在观测银河系时重点研究过[1]，她发现恒星脉动的频率和其亮度有关，我们现在称其为勒维特定律（Leavitt Law）。恒星脉动的频率越快，它的亮度就越高。

当哈勃在旋涡星云中发现这些造父变星时，他需要先得知这些恒星的脉动频率，进而得知这些恒星的亮度变化周期，最后计算出我们与恒星的距离。就好比我们在晚上过马路时，会根据汽车前灯的亮度来判断汽车距离我们到底有多远。据此，哈勃发现旋涡星云中的造父变星比任何人想象的都更遥远，这意味着这些旋涡星云的直径已经和整个银河系差不多大了。其实哈勃观测到的就是星系，他的发现对天文界产生了巨大的影响。哈勃一下子为永无止境的天文学研究铺平了道路，并改变

1　很遗憾，不论是当哈勃借助勒维特的研究成果向世界证明了宇宙正在膨胀的时候，还是当勒维特自身的研究成果被世人所认可的时候，勒维特本人都已经去世。现在宇宙中所有的距离测量实质上都是根据造父变星的测量距离校准的。可以说，宇宙的尺度的确是站在巨人的肩膀上测量出来的，而这个巨人就是勒维特。

了我们对自身所在宇宙地位的认知。

　　哈勃的研究并没有就此止步，他还研究了每个星系的光谱。光谱是从棱镜中分离出来的光，我们可以从各种彩虹一般的颜色中寻找出不同元素留下的痕迹。如果你现在脑海中浮现的是平克·弗洛伊德（Pink Floyd）的著名专辑《月之暗面》（*The Dark Side of the Moon*）的封面，那么你就想对了。这些不同元素留下的痕迹正是量子物理学中各式各样的"物理指纹"，不论哪种元素处于何种状态，它所对应的谱线都是一样的。哈勃注意到，遥远星光的光谱谱线都朝红光方向移动，说明它们正在远离地球。不仅如此，这些遥远星系距离地球越远，离开我们的速度就越快。于是我们很自然地认为，如果宇宙中的星系都远离我们而去，那么在过去的某个时候，它们一定都处于一个致密的宇宙空间内。我们继续将时间往前回溯，如果我们来到过去的某个时刻，那一刻宇宙中所有的物质和能量很可能都聚集在一个点上。宇宙大爆炸的概念就此诞生。

　　大部分人对宇宙膨胀的概念感到疑惑。首先，它让我们对自己在宇宙中所处地位的认识出现了偏差。假设宇宙中的一切都正在远离我们，那么我们自己一定处于一个非常重要的地方吗？然而事实并非如此。试想一下我们曾经玩过的翻绳游戏，将橡皮筋缠在手指之间翻出各种繁复花样惊呆观众。如果你低头看着自己的手，就会发现当双手分开，橡皮筋的两端就会向外移动。那么想象一下，如果一个小观察员坐在你的左侧，他会看到什么？他会看到你的右手距离他越来越远，同时却感觉不到自己是否在移动，更别提感觉到脚下的大地正绕着太阳公转或绕地轴自转了。同样地，坐在你右侧的小观察员也只能看到你的左手距离他越来越远。

就算你认为这个过程中并没有创造什么新鲜的事物，这个类比也同样生效。橡皮筋的数量在游戏开始时都是固定的，只是橡皮筋本身的延伸创造出不同的形状。同理可证，星系并不是在移动，而是宇宙本身在不断地膨胀，不过关键是我们的确没有创造出更多可用的空间。与我们打交道的宇宙空间仍旧是 138 亿年前宇宙大爆炸时期遗留给我们的。

请不要沉湎于过去，想想未来可能发生的事情不是更令人激动吗？尽管不幸的是，宇宙的尽头并不会留给我们一个"好莱坞式"的大团圆结局。我们面临的第一种选择是我们的宇宙将继续加速膨胀，直到星系和恒星之间产生巨大的空间，然后我们将孤独地置身于浩瀚无边的宇宙中。第二种选择更容易被我们接受，那就是一个宜居的宇宙。在这种情况下，当无休止向内拉拽的引力与宇宙膨胀向外的张力之间彼此平衡时，宇宙的膨胀速度会逐渐减慢，最终趋于平衡。第三种选择是莎士比亚式悲剧的宇宙：引力最终战胜了宇宙的膨胀，宇宙开始向内收缩，直至所有能量都还原成一个奇点（singularity），俗称宇宙大挤压（Big Crunch）[1]。或许宇宙将永远如此，不断从宇宙大爆炸演变成宇宙大挤压，而超新星产生的碳元素"废料"在偶然间形成的智慧生命会观察这永无休止的循环。

---

1 宇宙大挤压即大坍缩，是一种假想的宇宙状态，也是宇宙终结的奇点。——编者注

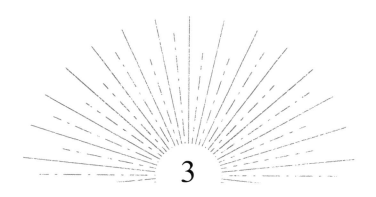

3

第三课

黑洞简史

黑洞是一个致密天体，密度大到连光都无法从中逃逸。这意味着你的速度要比光速还快，才能逃离这个天体的引力作用。要正确理解这一点，我们必须先理解这里的引力和牛顿力学不是同一个概念，而是属于爱因斯坦广义相对论的研究内容。爱因斯坦认为，宇宙中有物体存在的地方就会扭曲其周围的时空[1]。你可以把整个时空想象成在一个二维的平面，比如在蹦床中间放置一个足球。足球会使蹦床的中部下沉，使蹦床不再平坦。如果你试着在蹦床的表面滚动一个乒乓球，那么它的滚动轨迹就不是一条直线，乒乓球滚动的路径会由于足球的存在而出现弯曲。这就是爱因斯坦对引力的解释，如果将恒星比作宇宙中的足球，空间则是蹦床，由于空间扭

1　时空是物理学家词汇表中的高频词。它将空间的三个维度（向左与向右、向前与向后、向上与向下）与一个维度的时间联系在一起。爱因斯坦将时间和空间联系起来，因为他意识到我们穿过空间的速度越快，时间就会越慢。这属于他的狭义相对论范畴，而非广义相对论。

曲而围绕恒星运行的行星就是乒乓球。

　　现在想象一下，黑洞扭曲的空间非常大，至少在二维空间里，我们将得到空间中完全垂直弯曲的一个点——黑洞的视界（horizon）。不论是宇宙飞船、乒乓球，还是微小的光子，任何物体在通过该点后都无法恢复原状，再也回不到宇宙蹦床中。

　　在广义相对论中，这种使空间无限扭曲的点被称为奇点，奇点是一个在无限小的空间内蕴含着巨大质量的点。在整个 20 世纪初的大部分时间内，许多奇点扭曲空间的概念让当时的科学家感到厌烦，因为在数学表达式上没有人能够理清。这意味着我们得出的结构都需要除以 0，即根本不存在任何极限。[1] 20 世纪 60 年代，我们迎来了斯蒂芬·霍金（Stephen Hawking）和罗杰·彭罗斯（Roger Penrose）这两位科学家。他们认为，虽然我们在数学原理的理解上仍存在些许疑惑，但根据已知的物理学定律，奇点实际上是意料之中的。

1　林赛·罗韩在 2004 年主演的电影《贱女孩》中扮演的角色在数学竞赛结束时正确地回答了这一问题。

不过基于此，黑洞的存在仍停留在理论层面——直至 20 世纪 60 年代末，天体物理学家乔瑟琳·贝尔·伯奈尔（Jocelyn Bell Burnell）发现了中子星（neutron stars，快速旋转的中子星由于不断发出电磁脉冲信号而被称为脉冲星）。在此之前，天文学家已经知道白矮星（white dwarf star）的物理质量在超出极限后（由电子间的斥力支撑着）将坍缩成一个纯理论上的中子星（由中子间的斥力支撑着）。在发现中子星之前，还没有科学家想到过这种可能性。如果中子星是真实存在的物体，那么当它们自身超出物理质量极限并进一步坍缩时会发生什么呢？唯一符合逻辑的结论就是黑洞。

黑洞肯定是存在的，但它们是由什么组成的呢？事实上，我们并不清楚所谓的真相。中子星的内部由中子构成，强大的引力堆砌成类似晶体的结构。所以当中子内部的核力被克服之后，又会发生什么呢？最简单的答案就是它们仍然是物质，并且是以密度最大的形式存在的物质，虽然具体是什么我们尚未得知。

但是，黑洞一旦形成，我们就不能再用光去探测它，那么我们该如何确定黑洞的存在呢？我们看不到风，但是可以观察风对其他事物（比如树）的影响，因此也可以用类似的方式推断出黑洞的存在：黑洞在宇宙中对其他物体的引力效应。在银河系中，我们已经探测到恒星质量黑洞附近存在背景星系光扭曲的现象。由于光穿过扭曲的时空，这些黑洞就会使该星系的光扭曲成不同的形状。我们无法"观测到"扭曲空间的罪魁祸首，但是却知道它的确存在。

另一种"观测到"黑洞的办法是观察两个黑洞合并时释放至宇宙空间的冲击波。既然黑洞扭曲了时空，那么如果两个黑洞碰到对方并开始围绕对方运行时，它们附近的空间就会受到影响。当两个黑洞彼此互绕轨道运行时，空间扭曲的程度也会发生变化，在空间中发出阵阵涟漪，我们称之为引力波。当两个黑洞终于合并的时候，就会引起引力波爆发，直到空间再次恢复正常。这些涟漪产生的时候会轻微地挤压并拉伸空间。我们利用两台高度敏感的探测仪，即美国的 LIGO（激光干涉引力波观测台）和意大利的 Virgo（室女座引力波探测器）观测到了这些涟漪的挤压和拉伸动作。这两台探测仪都是由两面相距几千米的镜子构成的，两面镜子之间有一束激光来测量它们的距离，答案精确到令人难以置信，这样我们就能发现这两面镜子之间的空间何时遭受到引力波的挤压和拉伸了。唯一能确定的是，当地球两端的探测仪同时观测到涟漪时，我们探测到的就是来自太空的引力波。

现在，黑洞是我心之所向的一个研究目标——但我指的并不是常规的黑洞，我花费大量时间试图研究各种位于星系中央的超大质量黑洞是如何影响星系的。这些超大质量黑洞往往比太阳质量的100万甚至10亿倍还大，它们是黑洞的特殊群体，与恒星质量黑洞（和恒星相等质量的黑洞）不同，当一颗大质量恒星死亡变为超新星时，就形成恒星级黑洞。令我惊奇的是，人类只是宇宙大爆炸总质量的沧海一粟，却有可能了解并研究整个宇宙中最有活力的天体。

那么，我们该如何找出这些位于星系中央的超大质量黑洞呢？几十年来，我们在研究银河系中央恒星运动的过程中得到了最直观的证据。我们能够看到它们以极快的速度围绕星系中心旋转，于是我们可以利用这些轨道参数来计算出它们所绕行的天体质量。通过这些方法，我们发现在银河系中心存在着一个可以容纳水星轨道的空间区域，其质量超出太阳质量 400 万倍。位于银河系中央且如此小又如此重的天体，非超大质量黑洞莫属了。

有趣的是，在 20 世纪 80 年代，天文界关于星系中央是否真实存在黑洞群或超大质量黑洞还有着诸多争议。多个黑洞扎堆本来就意味着"无限荒凉"，而且在星系中央并没有足够的空间维持黑洞群的稳定存在。黑洞之间的碰撞和相互作用也在所难免，一些黑洞像弹弓一样被"发射"出去，剩余黑洞就留在中心合并形成质量更大的黑洞。

直到最近，我们在宇宙其他星系中还没有找到非常直接的证据证明超大质量黑洞真实存在。我们只能利用射电望远镜等设备观测几十亿光年外的星系中心，通过一些现象来推断超大质量黑洞很可能就在那里。我们在观测遥远星系中心之时，发现了来自星系中心的超高能辐射：大量的 X 射线、电磁波以及高能辐射，这些只有在能量源具有高能特征的情况下才会出现。当你将氢气吸积在一个质量巨大的致密物体上时，就会产生如此高的辐射——氢气向内旋转的速度之快引发了强烈的摩擦，释放出强大的 X 射线辐射和电磁波。

经过几十年对星系中心如此高能的 X 射线和射电发射的观测，天文学家终于得出了一个结论：唯一拥有足够能量，有可能做到这点的只有超大质量黑洞。这个结论在 2019 年 4 月举办的"视界望远镜合作"（Event Horizon Telescope Collaboration）项目中也得到了证实，当时他们展示了第一幅黑洞周围发光物质的图像，图像显示发光物质围绕在位于 M 87（Messier 87）星系中心的超大质量黑洞周围。关键是，我们在黑洞视界之外并未检测到任何电磁辐射释放，这一点有力地证明了黑洞的真实存在，而且它们的行为和爱因斯坦广义相对论中预测的完全一样。

当黑洞试图快速增加质量的时候，黑洞周围的吸积盘会释放大量辐射和射线，压力也在不断增加。在这个过程中，吸积盘中的气体会形成喷流并向宇宙空间释放，绵延数千光年，同时还会释放电磁波。我们认为，贪婪的黑洞将周围的吸积盘气体释放出来对星系有一定的影响。星系维持变化和发展的前提条件是不断地产生新恒星，因此需要冷氢气在引力的作用下发生坍缩，最终形成足够致密的物质，进而达到足以引发核聚变的程度。根据我们关于宇宙的最佳理论，我们发现超大质量黑洞附近的吸积盘释放出的能量要么把星系中的冷氢气加热，要么直接将冷氢气驱逐出星系，阻止大型星系变得更大。然而，我们从未真正观测到该过程在宇宙星系中发生，这也是我日常工作的研究重点。

把这一切都放在 M 87 星系中心的角度上看，银河系本身就有 10 多万光年的直径，但超大质量黑洞释放出的巨大射电喷流却足足有 1000 多万光年那么长。如果 M 87 星系只有一粒沙大小，那么位于星系中心的超大质量黑洞就和原子一般大小，从星系中释放出的喷流则可以覆盖你的整个手掌心。这种比喻总是让我想起威廉·布莱克（William Blake）的一句诗：

一沙见世界，一花窥天堂。

手心握无限，须史纳永恒。[1]

我怀疑布莱克写诗的时候，脑海里想的就是 M 87 星系中心——因为这首诗创作于 1863 年，当时还没有人知道在宇宙中存在着数十亿个星系，每个星系的中央都有一个超大质量黑洞。可能超大质量黑洞中释放出的射电喷流太长了，以至于我们一直很难理解它们的存在。每次我听到这首诗时，都会这么想。

---

1 节选自威廉·布莱克《纯真的预言》。Blake, W., & Baskin, L. (1968). *Auguries of innocence*. New York: Printed anew for Grossman Publishers.

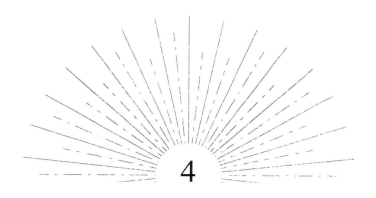

4

第四课

你没看见，
不代表它不存在

我的读者们，你现在看到的每一个物体，就连你手上正拿着的这本书，都是由普通的物质组成的。也就是说，它们是由重子（包括质子、电子和中子）组成的。所有物质都能够产生、反射或者吸收光，我们可以通过物质与光的相互作用来判定物质是否存在。当我们眺望浩瀚的太空时，肉眼可见的每一个天体都是由普通物质构成的，包括恒星、尘埃以及黑洞。然而，普通物质仅占太空中所有物质的15%，我们并不知道宇宙所有物质中剩余的85%具体包含什么成分。这的确发人深省。

我们将其余不与光相互作用的物质称为"暗物质"（dark matter）。暗物质并不会产生、反射或吸收光，因此我们无法"看到"它。与能够追踪视界外光（我们可以将其归类为"吸收"光）的孤立黑洞不同，暗物质遍布整个宇宙。即使是在太阳系内，我们仍认为在每茶匙空间中都存在大约有两个质子重量的暗物质，但我们却无法与之互动。

那么我们是如何知道暗物质的存在呢？其实就和黑

洞一样，虽然光不能作为我们发现暗物质的一种途径，但暗物质的确可以与引力相互作用，和普通的物质一样扭曲着空间。在过去半个世纪，有一些研究结果证明了暗物质的存在。

第一个证据来自星系中恒星的旋转速度。早在 20 世纪 70 年代，天文学家薇拉·鲁宾（Vera Rubin）就发现了宇宙中存在暗物质，她也因此被喻为"暗物质之母"。作为第一位发现宇宙 85% 质量组成成分证据的人，薇拉·鲁宾着实了不起。令人感到讽刺的是，鲁宾当时正在寻找一个研究课题，既能专心研究，又能使她免于世俗纷争（当时她的博士论文引发了天文学家的众多争议，最后才被证明是正确的）。[1]鲁宾认为，测量星系中心附近不同距离的恒星速度就是一种稳妥的做法。

万有引力定律告诉我们，星系中心很可能存在更多恒星，当你越向星系外走，中心附近恒星围绕轨道的速

1　鲁宾曾经研究过宇宙膨胀的速度，她发现在不同的方向，宇宙膨胀的速率不同。这个结论在当时引发了巨大争议，后来才被认为即使她的理论并不完全正确，但部分推断是正确的。就好像只见树木，不见森林一样。

度就会越低。这就是我们在太阳系中看到的行星——离太阳轨道越近的行星，其公转速度越快，这是因为太阳系超过 99.8% 的质量都集中在太阳的中心。而鲁宾研究的课题则想证实在银河系这一更大范围内运行的恒星是否也具有以上规律，于是鲁宾首先要测量的是恒星运动速度。这听上去好像很复杂，但其实只是运用了一些物理学知识。

光像声波一样（当它是粒子时除外——光既是粒子又是波）。朝我们开过来的救护车警报器通过挤压声波使音调更高，而当救护车开走后通过拉伸声波使音调降低，光也会发生这个过程。这就是多普勒频移效应（Doppler Shift），通过挤压或拉伸光波，而非改变音高，来改变我们看到的光的颜色。光波被拉伸后会呈现偏红的色彩，而被挤压的光波则呈现偏蓝的色彩。当我们看到星系盘旋的时候，一些恒星会旋转着朝我们移动，而另一些则会旋转着远离我们。我们看到光从星系的一边到另一边有不同的多普勒频移，根据这个效应，我们就能够知道恒星移动的速度了。

从仙女座星系开始，薇拉发现在星系边缘的恒星并没有以较慢的速度旋转，实际上它们的移动速度从中心出发开始就一直保持稳定。这真的很奇怪，而且不符合我们的预期。这个新发现表明，星系中大部分的质量并不在其中心，而是在其边缘地带。但当我们观察星系的时候，我们看不见星系边缘地带存在的任何恒星，恒星都集中在星系中央。这意味着一个星系周围存在着大量我们看不见的物质，以某种我们称为暗物质晕（dark matter halo）的形式存在。

　　暗物质存在的第二个证据来自对比星系的引力质量与我们在星光中真实探测到的引力质量。正如爱因斯坦所说，大质量物体扭曲了光传播的时空。这个概念听起来或许有些奇怪，但是镜头的确可以改变光的路径。我们的眼镜或隐形眼镜都会扭曲光线，使物体不论离得多远都可以聚焦到我们的视线范围内。大质量的星系团对背景星系也有着同样的影响，所以光的路径在星团靠近我们的时候就已经被扭曲了。如果排列完全正确，那么我们甚至能够注意到背景星系在前景星系周围形成的光环，我们在天文学上将此环称为"爱因斯坦环"。不过，在一个浪漫的夜晚，当你点燃高脚杯内的蜡烛时，也可以重现一个相似的环。

光被扭曲成环的次数代表在前景星系中究竟有多少物质正在变成透镜状。当看到这些星系透镜时，我们会再次发现，引力显示那里存在的物质，比我们从恒星发出的光中看到的更多。

在过去的几十年间，天文学界关于能否用极微弱的恒星、中子星和黑洞来填补这些缺失物质的争论从未停止，我们称之为晕族大质量致密天体（MAssive Compact Halo Objects，缩写为 MACHOs）。由于这些天体仍然很热，而极微弱的恒星也会发出红外光，因此我们可以估计它们的数量。在其他波长（例如电磁波和 X 射线）中探测到的中子星，使我们能够估算出它们的具体数量。通过观测，我们发现可以将银河系恒星级黑洞充当"微引力透镜"，当恒星经过黑洞前方时，那颗恒星会短暂变亮。考虑到每年我们看到的此类事件的概率偏低，需要地球、黑洞以及前景恒星排成一列，由此我们也可以估算出看不见物质的数量。不过，就算结合以上这些线索，并了解了这些物质的重量，我们还是无法解释引力透镜实际观测到的物质数量。

一些天文学家认为，如果爱因斯坦的万有引力理论是错误的，那么这一切谜团都将迎刃而解了。天文界内还有另一个研究领域叫作修正牛顿动力学（MOdified Newtonian Dynamics，缩写为 MOND）。这是牛顿始终坚持的理论[1]，该理论并不需要以暗物质为前提。我们只需稍微对牛顿的数学原理进行调整，就可以解释在更快的速度和更高的质量条件下会发生什么。但是，当需要解释我们对巨大星系团的其他观察结果，以及填补缺失物质这一问题时，修正牛顿动力学理论就无法成立了。修正牛顿动力学现在面临的最大问题是，它预测了引力波穿过空间的速度与光速不同。然而，在 2017 年，当我们同时探测到两颗中子星合并为一个黑洞时发出的引力波且迸发出一团光时，修正牛顿动力学就自然而然被推翻了。修正牛顿动力学中没有任何一条内容能够解释或近

---

1 牛顿万有引力定律可以对地球上运行的低速物体行为给出合理的解释，但在观测水星近日点进动或黑洞周围天体运动时，就不管用了。另一方面，爱因斯坦的广义相对论不仅适用于低速运动的物体，也能够解释宇宙空间接近光速运动的物质，或者大质量天体的行为，比如黑洞。

似解释这一现象，而在爱因斯坦的广义相对论中我们却能轻松找出答案。所以，我们必须接受暗物质的确以某种形式存在于宇宙中这一事实。

暗物质的存在方式依然是粒子物理学家研究的重点。与天文学家首次研究并提出的晕族大质量致密天体截然相反，粒子物理学家正在寻找弱相互作用大质量粒子（Weakly Interacting Massive Particles，缩写为WIMP）。虽然粒子被粒子物理学家命名为"大质量"，但在任何书籍中它们都不可能被归类为大质量：它们的质量大概是质子的100倍。

粒子物理学家提出了一个非常理想化的理论，即粒子物理学中的"标准模型"：将物质的所有组成——控制四种主要作用力（引力、电磁力、强力和弱力）的粒子——统统拆开，来解释为什么物质一开始就有质量。这一理论将所有东西都浓缩成一个方程式，来描述我们在周围宇宙中看到的一切。但这个理论或多或少有些矛盾，其中最大的矛盾是该理论根本没有提及暗物质的存在。因此，现在有一些粒子物理学家试图强行将暗物质加入这个概念，使原本理想化的理论变得不再完美。为了做到这一点，他们需要观测并找出暗物质的具体组成部分。

那么我们到底该如何寻找这些微小、不会与光或其他物质相互作用的暗物质呢？这个问题十分棘手。有一种方法是通过观测暗物质的粒子和我们能够观测到的普通物质粒子相撞时的情形，这样应该就能够识别出另一个粒子动量或能量的变化，就像台球中的主球击中彩球一样。这类碰撞是温暖流体（水或空气）每日必经的一个过程。因此，物理学家首先要把一种流体冷却到绝对零度以上，让粒子丧失能量，处于几乎无法移动的状态。物理学家只能在地下数千米的地方才能将流体与其他辐射隔离，例如宇宙射线，因为这些辐射粒子有可能会与流体粒子碰撞，使其重新获得能量。当我们将接近绝对零度、超屏蔽的流体物质放置在地下数千米的位置后，物理学家就可以等待碰撞的出现了。当我们检测到暗物质粒子与流体粒子碰撞导致的能量跃迁，就可以发现暗物质粒子的存在。

这类实验从 1996 年起就从未间断过，直到现在，我们还在等待结果。

5

第五课

我们究竟能走多远

1970年4月15日，阿波罗登月计划正如火如荼地开展，人类载人深空探索所能抵达的最远距离为400 171千米。这一纪录是"阿波罗13号"飞船进行登月任务时创造的，由于氧气罐爆炸导致飞船陷入瘫痪状态，所有机组人员已经无法安全登陆月球。爆炸发生时，"阿波罗13号"指挥官吉姆·洛威尔（Jim Lovell）、指挥舱驾驶员杰克·斯威格特（Jack Swigert）以及登月舱驾驶员弗莱德·海斯（Fred Haise）已经在太空中待了超过55个小时，几乎快要达到原先预计的60个小时登月时长。美国国家航空航天局（NASA）原本制订了任务终止应急计划，但他们距离地球实在太遥远了，以至于全体机组无法通过执行该计划安全回到地球。相反，他们只能绕着月球的远端转了一圈，利用引力弹弓的原理提升飞船的速度，帮助他们回到地球。当他们绕着月球远端运行时，月球正好在公转轨道的最远端，此时"阿波罗13号"距离月面254千米（比阿波罗其他任务的轨道高出100多千米），我们在本章开篇提到的纪录就是在那时创造的。

在"阿波罗 13 号"发射 6 天后，三名宇航员安全回到了地球，这要归功于全体机组人员和 NASA 地面工作人员的机智反应。很难说这次任务是成功还是失败。任务最初的登月目标并没有实现，但"阿波罗 13 号"机组都安然无恙，并且此次任务还创下了新的人类太空飞行纪录。如今 50 年过去了，人类已经创造出更多的新纪录，其中包括待在太空的最长时间、最远距离的太空漫步、最长时间的太空漫步，甚至无保护太空漫步。然而，不论是现已退役的俄罗斯"和平号"空间站（Mir），还是目前正在使用的国际空间站，这些成就都发生在近地轨道上。自 1972 年以来，还没有人类在 408 千米高度以上的轨道上工作。

当然，其中一个原因是成本太高。相比之下，发射机器人着陆器或探测器到太空，并完成太阳系行星际调查在成本上更容易接受，且更可行。人类非常痴迷于探索火星。1963 年，NASA 的"水手号"水星探测器（Mariner）飞过金星以后，我们得知金星的大气层充满了酸和二氧化碳等物质，其表面温度超过 400℃，于是我们将着陆目标定为与地球最相似的火星。除了月球之外，我们已经向火星发射了足够多的探测器，几乎与我们发射到太阳系中其他天体的探测器总数一样多。其实人类对火星如此好奇也很好理解，因为火星的大小只有地球的一半，但是一年却是我们的两倍长，一天和我们差不多长，大概是 24.5 小时 [1]。关键是，我们都想知道火星上是否存在生命，或者是否可能存在过生命。

地球和火星之间的一个实质区别是：火星上缺乏磁场，这一点完全阻碍了我们迁移至火星。一开始你可能认为，缺乏磁场只会影响火星上的导航系统，因为指南针如果没有指向北极就会失灵，但实际上，火星上的情况只会更糟糕。

1　一些研究员、工程师和实习宇航员都会在地球上过着和火星时间一致的实验生活。特别是在美国夏威夷进行的模拟火星生活 HI-SEAS 实验，美国在尝试模拟火星上的太空基地生活。研究人员时常报告一天有 24.5 小时的生活真是太美妙了——这样一来，我们就会多出半小时的时间来处理生活中的琐事了。

地球的磁场能够保护我们免受来自太阳的有害高能粒子的侵袭。太阳在发出能够帮助我们在地球上繁衍的可见光和紫外线的同时，还会发出 X 射线等对人体有害的射线。我们大气层顶端的臭氧层吸收了 X 射线和紫外线，防止其穿透大气层到达地面，但是大气层无法阻止太阳发出的其他高能粒子。这就是磁场能够为我们排忧解难的地方，磁场保护着地球不受太阳"风"内大部分粒子的影响，而其余粒子就以漏斗状下降到极点，这些粒子与大气层中的氮和氧相互碰撞，从而产生了足够的能量发光。我们称这些壮观的发光现象为北极光和南极光（英文中也称 Aurora Borealis and Australis）。地球并不是太阳系中唯一一颗拥有极光景致的行星，木星和土星上的极光景象也十分壮观。但是火星由于缺乏磁场，它的极光就没有那么强烈了。

磁场的缺失意味着火星无法抵御来自太阳高能粒子的强大能量。在过去的 50 亿年间，自从火星和太阳系形成后，火星的大气层一直在对抗这些来自太阳的高能粒子施加的压力且处于劣势。结果，火星大气中的轻元素大量丢失，现在火星的大气层含有超过 98% 的二氧化碳，比地球大气层稀薄 170 倍。由于没有臭氧层的保护，火星的大气层表面很容易遭到类似 X 射线和紫外线等有害辐射的侵袭，从而增加了人类在火星上生存的难度。

目前在火星上还有"好奇号"火星探测车（Curiosity）以及"洞察号"火星探测器（InSight）正在运行。它们和它们的前辈一起对火星表面进行了比月球上的探测器更多的探索工作。[1] 经过这些探测器齐心协力的工作，我们才能确定火星上或许真的流淌过水，而这些水之后要么被冻结在极地冰盖中，要么可能永久地蒸发并消失在太空中。在火星表面运行了 14 年后，"机遇号"火星探测器（Opportunity）于 2018 年与我们失联，创下了单个探测器探索火星表面总里程达 42.195 千米的太空探索新纪录。

---

1 驾驶"阿波罗 15 号、16 号和 17 号"月球车的宇航员的平均里程都在 27 到 36 千米，这些宇航员的总里程已远超火星车的总里程。

　　"机遇号"的失联，很有力地驳斥了未来人类在火星上建立火星基地的可能。"机遇号"由太阳能驱动，只能在没有太阳能供电的情况下生存几天，它断电后进入休眠模式，该模式可支撑几个月的时间。当火星上发生巨大沙尘暴时，以上断电情况就有可能发生。火星沙尘暴的形成原因和地球上的沙尘暴类似：太阳加热了距离地面最近的空气，热空气上升并带着火星表面的尘粒一同上升，直到地表上形成尘云（这一点与地球不同，地球是水从地表蒸发形成大气层的云）。当符合一定条件，正好火星也在其轨道上靠近太阳时，这些沙尘暴就会吞噬整个火星，并阻断所有阳光照射。这时候，探测器就只好关闭全部系统以节约电源。火星车会定期醒来，检查它是否有足够的电量将信号传回地球。"机遇号"于2018年6月进入休眠模式，2018年10月火星上的沙尘暴减弱。然而，直到2019年2月，NASA仍没有收到任何来自"机遇号"的通信反馈。一般情况下，到这个时间，太阳电池板上积聚的所有灰尘应该被吹干净了，所以专家推测，一定是灰尘跑进了电子设备里面，最终结束了"机遇号"的探测任务。

　　专家预估，火星的全球性沙尘暴大概每三年发生一次，所以在人类建造火星基地的计划中，沙尘暴是不容忽视的一大问题。试想一下，面对如此大规模的风暴，人类火星基地将持续断电好几个月，这真的是一个十分棘手的问题——不仅仅涉及通信或人类社交活动，也涉及至关重要的生命支持系统，例如氧气调节、加热或冷却系统等。因此，在已经有能力思考在火星上建造人类基地的同时，我们需要制订一个无懈可击的沙尘暴应急预案，包括在最糟糕的情况下必须中止执行任务。

　　人类对太阳系地球邻居的未来潜在探测任务包括木星、土星和海王星几颗卫星——主要是由于它们拥有被冰层覆盖的广阔海洋以及强烈的火山活动，这些都是生命栖息的备选地。但当人类探索这些潜在栖息星球时，太空飞行又是个大问题。1969 年 5 月，"阿波罗 10 号"宇航员在月球周围通过引力弹射返回地球时，创下了有史以来最快的人类太空飞行纪录。他们的最高速度达到39 897 千米 / 小时，相当于我们去奥克兰途经伦敦再回来只花不到一个小时的时间。尽管这听起来很快，但是后来我们又在无人太空探测器上达到了更快的速度，那就是 NASA 的"朱诺号"木星探测器（Juno），它在进入轨道时围绕木星飞行达到了 266 000 千米 / 小时。对此我们可以进行合理推断，"阿波罗 10 号"任务历时 4 天到达月球，"机遇号"则花了 8 个月的时间到达火星，而"朱诺号"花了 5 年才到达木星。以我们目前有限的太空飞行技术来看，太阳系行星之间的距离使得我们的长期载人探测任务进入了瓶颈期。

那么，我们是否能探索太阳系边缘以外的地方呢？NASA 的"旅行者 1 号和 2 号"探测器于 1977 年发射升空，它们额外的太空飞行任务包括飞越木星和土星等外层气态巨行星。"旅行者 2 号"甚至飞掠了天王星和海王星——成为唯一探访过这两颗行星的探测器，这让我们能够欣赏到由"旅行者 2 号"拍摄的天王星和海王星的详细图像。1989 年 10 月，"旅行者 2 号"最后一次飞掠海王星，从那以后，它就离开太阳，朝太阳系更远的地方飞去，也让地球能够一直和太空中的星球保持密切的联系。2019 年 2 月，"旅行者 2 号"报告它探测到的太阳风粒子数量骤减，且来自外太空的宇宙射线粒子数量大幅度下降。就在那时，"旅行者 2 号"终于在从地球发射

41 年零 5 个月后离开了太阳系。

　　"旅行者 1 号"是 2012 年 8 月离开太阳系的第一艘宇宙飞船，也是如今距离地球最远的人造物体，距离地球约 215 亿千米。"旅行者 2 号"则距离我们稍近一些，大概 180 亿千米的距离。虽然我们最终可能会与"旅行者号"探测器失联，但它们仍将继续远离太阳，飞得更远，没有什么能够减缓或阻挡它们。出于这个原因，两艘旅行者飞船上携带着来自地球上 55 种不同语言的问候语声音记录、来自世界各地的音乐风格以及来自大自然的声音，就是为了在遥远而未知的未来，智慧生命形式出现在探测器上的时候准备的。

　　距离太阳最近的下一颗恒星是半人马座（ α -Centauri），它位于 39 923 400 000 000 千米外如史诗一般的地方。光以 299 792 千米 / 秒的速度经过这段距离，大概需要 4 年多一点的时间。以"旅行者 1 号"更实际的飞行速度来看，排除"旅行者 1 号"去附近其他地方转悠的可能性，大概需要 7400 年的时间才能到达半人马座。相反，"旅行者 1 号"正朝着蛇夫座（Ophiuchus）的方向飞行，因此大概需要 4 万年左右，"旅行者 1 号"将到达距离小熊座（Ursa Minor）不到 160 亿千米的一颗恒星，到时候太阳就不再是距离它最近的恒星了。

除非我们能够设计出新的更加高效快捷的航天器驱动方式，否则让一个人放弃他的朋友和家人，去往遥远的太阳系，甚至更远的地方单程旅行，绝不是一件简单的任务。如果我们真的想在星际旅行中探索超越太阳引力的安全性，那么我们就需要完善现有的太空探索技术以及一些非常勇敢的探险家。我很好奇，亲爱的读者们，如果现在有机会尝试，你们愿意吗？

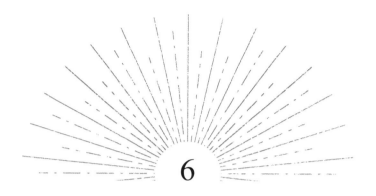

6

第六课

寻找地球2.0

140亿年前，宇宙从一场奇妙的大爆炸中诞生；95亿年后，太阳、地球和太阳系开始初见规模。又过了10亿年，地球的海洋中开始出现生命，也为恐龙在陆地上行走拉开了序幕（宇宙大爆炸后仅135亿年）。让我们快速播放接下来的5亿年：随着植物、哺乳动物和鸟类的进化，以及希腊、罗马和玛雅文明的兴起和衰落，我们来到了1995年。此时，辣妹组合（The Spice Girls）正处于她们出道后的巅峰时期，而《玩具总动员》（*Toy Story*）才刚刚在电影院上映，与此同时，我们证实了银河系中另一颗恒星周围也有行星环绕。这颗被发现的行星有一个很有诗意的名字——飞马座51b[1]，是我有生之年见到的最伟大的天文发现之一。[2] 这个新发现证实了不只我们

1　飞马座51b是一颗位于飞马座、距离地球约50.9光年的系外行星。它是人类发现的第一颗围绕类太阳恒星运行的系外行星，也是人类发现的第一颗"热木星"。——编者注

2　尽管我无法否认这是一个我曾经差点忽视的发现，因为当时我太专注于辣妹组合的新专辑了。

的太阳系是宇宙中的一个普通的恒星系统，还证实了其他恒星也拥有围绕其运行的行星，以及可能（只是可能）在这些行星上存在着生命迹象。

此外，这次新发现还揭开了被称为系外行星研究"黄金时代"的序幕，在"黄金时代"，发现一颗新行星已经成为周二下午的家常便饭。这是任何狂热的业余天文学家都可以参与的研究。但在1995年的新发现首次被证实之前，一直存在的现实问题是：最像地球的行星到底在哪里？我们想知道是否还存在其他类似地球的行星，像地球一样围绕恒星运行并孕育着生命。近年来，这个疑问似乎已经从单纯的好奇转变成一种任务，尽管——正如我们在前一课中讨论的那样——迁移至另一个"地球"对我们而言暂时还不可行，哪怕我们迫切地需要迁移。

不过，如果不考虑即将来临的世界末日，我们该如何找到一颗太阳系外的行星呢？我们主要通过三种方法来寻找这些系外行星：直接成像法、视向速度测量法以及恒星凌日法。第一种——直接成像法，如同字面意思一样，直接拍摄行星围绕恒星轨道运行的图像。这听上去很容易，但别忘了恒星是会发光的，而且它们位于数千万至数亿千米之外，只有释放大量能量才能被我们看到。然而，行星并不发光，它们只是通过反射来自恒星的光才能被我们观测到。这就是为什么我们能够看到太阳系中的月球和行星的原因。当我们试图拍摄一张照片时，恒星显然比行星更亮，使得行星很难被我们发现。这就好像一个人拿着一块 LED 板站在体育场的探照灯旁，我们不太容易发现这个人一样。

想观测到一颗不发光的行星，有一个诀窍就是先遮挡住恒星的光，即在望远镜探测器中间放置一个圆形遮罩，然后再进行拍摄。由于图像中有许多噪点，因此人们往往需要等几天甚至几周才能拍摄另一组照片。这样，可以在第一批图像中检查我们认为有可能是行星的明亮像素集合，看它是否仍会出现在第二组图像中（而不只是一个小小的噪点）。在那时，它可能已经沿其绕恒星运行的轨道移动得更远。

离恒星更远的行星更容易在直接成像中被发现，因为可以很容易地区分出这些行星反射的光与恒星发出的光芒。我指的是那些距离恒星比地球距离太阳还远 100 倍的行星。举例来说，冥王星与太阳的距离只有地球与太阳距离的 50 倍。所以，如果我们用这个办法寻找行星，只会找到更大质量的行星，因为它们能够反射更多光线，且在更远的距离围绕着它们的恒星运行。这并不是寻找地球 2.0 的最佳方法。

另一种或许可行的方法是视向速度测量法，这需要满足行星 - 恒星系统的质量中心并不完全在恒星中间的条件。我们很容易将太阳想象成地球轨道的中心，但事实并非如此。试想一下，两个体积和质量都相同的物体围绕着彼此旋转，那么它们将围绕其间正中心的点旋转，我们将这个点称为质量中心。如果我们稳定地增加其中一个物体的质量，那么它的引力将比另一个物体更大，质量中心就会朝更重的物体移动。在太阳系中，太阳就是一个质量如此巨大的物体，所以太阳系的质量中心已经转移到了太阳内部的某个地方，但并不完全在太阳正中心的位置。由于太阳围绕质量中心公转，所以它似乎在摆动。其实所有行星的恒星都存在这样的摆动。因此，在行星轨道上的某些点上，其恒星正朝着我们摆动着移动过来；在另一些点上，其恒星则摆动着离开我们。这种摆动将恒星释放的光伸展或挤压成更红或更蓝的颜色

（这与哈勃望远镜发现星系都在远离我们时使用的方法相同），并且通过探测，我们能够计算出恒星速度的变化。

利用一些简单的轨道数学知识，我们就可以把这种速度的变化和系外行星围绕恒星的轨道距离以及质量联系起来。由于行星围绕恒星运行，我们才会看到不断重复的速度变化的信号，从而无比确信发现了一颗行星。不过，这种方法还是存在一些极小的偏差。行星越大，其引起的恒星速度的变化就越大。另外，速度变化的重复信号使离恒星更近的行星在高速旋转的情况下，更容易被我们探测到。如果我们正在寻找一颗类地行星，它需要足足一年时间围绕其恒星公转，那么我们就必须观察那颗恒星至少两年以上才能发现其速度变化规律。相比之下，发现一颗只需要几天或几周就可以围绕其恒星完成公转的行星就简单得多。

早在 1995 年，视向速度测量法就被用于探测飞马座 51b———一颗木星大小的行星，这颗行星每四天围绕一颗类似太阳的恒星运行。毫无疑问，这是我们探测到的第一颗系外行星，也是系外行星中的一颗宜居行星，因为这颗行星体积不大且公转周期不太长，它所围绕的恒星质量也适中。所有这些信息，再加上我们望远镜早在1995年就达到的灵敏度，都意味着探测到飞马座51b的条件已经十分成熟了。它的存在使得它所围绕的恒星以每秒70米的速度移动。相比之下，木星使太阳以每秒13米的速度摆动，地球只引起太阳每秒9厘米的摆动。这些变化与飞马座51b引起的摆动相比几乎微不足道，目前最先进的观测仪器才能察觉到如此微小的摆动。

迄今为止，探测系外行星最成功的方法是恒星凌日法。该方法指的是一颗行星从恒星面前经过，导致恒星可观测亮度减弱的情况。另外，如果我们观测的时间足够长，就能看到行星每一次轨道周期经过恒星的时候，亮度会减弱，这种现象可重复出现。我们要做的就是紧盯某个天区，并不断记录视野中所有恒星的亮度情况，然后再整理亮度减弱的所有数据。这就是2009年至2018年开普勒太空望远镜的具体任务。科学小组甚至寻求社会帮助，来寻找那些特有的亮度减弱信号，因为计算机筛选数据的时候很可能会有遗漏。通过这次求助，业余科学家们找到了围绕着一颗恒星的七星系，计算机程序果然把这个奇怪的信号漏掉了。这么多年来，专家利用恒星凌日法找到了超过 7500 颗系外行星（与视向速度测量法找到的 456 颗和直接成像法找到的 19 颗相比，恒星凌日法找到的系外行星更多）。

此外，这个方法也有偏差，这意味着那 7500 颗系外行星给我们描绘了一幅有误差的银河系行星系统景象。行星越大，恒星亮度减弱的幅度也越大，因此第一颗用该方法探测到的行星会导致其恒星亮度减弱 1.7%。一颗围绕着类似太阳的恒星公转的类地行星会导致恒星亮度减弱 0.008%。不仅如此，行星距离恒星越近，我们看到的重复亮度减弱次数越多，成功探测到行星的概率就越高。因此，我们倾向于利用恒星凌日法来发现靠近恒星的大行星。

综合以上几种方法，我们会探测到很多"热"行星（轨道更靠近恒星），例如热海王星和热木行星，而非类地行星。话虽如此，我们的探测器灵敏度也在不断提高，但我们探索系外行星的道路仍然漫长。我们确实有一些"最像地球的行星"候选者，但首先我们必须定义这个名称的确切含义。它可能指的是与地球大小最接近的行星，或质量上与地球最相似的行星，又或是绕行轨道大约一年或与地球到恒星距离一样的行星。然而，如果我们寻找的是一颗能够孕育生命的行星，那么很不幸，我们目前了解的这些大小或质量最接近地球的系外行星都不具备这个条件，因为它们距离其恒星实在是太近了。

不过也不能说我们全部的希望就此破灭，我们还有开普勒－438b，它的大小与地球惊人地相似，但轨道距离其恒星却更近。在开普勒－438b上，一年只有35天。幸运的是，它的恒星比太阳温度更低，体积更小，因此开普勒－438b的地表平均温度大约为3℃。既然有宜居的可能性，那我们的确有希望从地球迁移过去，但问题是开普勒－438b距离我们640光年。光年是距离单位，即光在一年中以每秒30万千米的速度前进的路程。即使以光速前进，我们仍需600多年才能到达开普勒－438b，正如我们了解的，目前的技术根本不能达到这个速度。所以即使我们有能力去开普勒－438b上旅游，我们的曾孙甚至曾曾孙都不一定能够活着看到我们的飞船到达开普勒－438b。如果我们能够成功到达那里，会看到什么景象呢？到那时，可能早已有许许多多的不同物种在开普勒－438b上繁衍生息了。

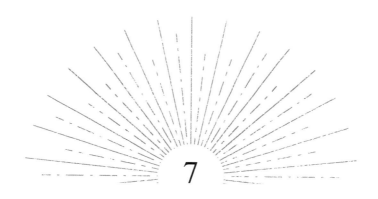

7

第七课

夜空为什么
是无尽的黑暗

数千年来，从古希腊人到 20 世纪的天文学家，许多物理学家和哲学家都提出了"为什么夜空是无尽的黑暗？"这一问题。19 世纪，一位名为海因里希·奥伯斯（Heinrich Olbers）的德国天文学家让大家开始重视研究这一问题。白天，海因里希·奥伯斯的职业是医生；到了晚上，他却专注于研究天文学。虽然在此之前，已经有很多人对这一问题进行了解释，但奥伯斯以他的名字命名了一种理论来解答这一问题——奥伯斯佯谬（Olbers' paradox），有时也被称为夜黑悖论或光度佯谬。你可能认为这个问题的答案很简单：因为太阳落山了。那么因此夜空就是黑的了吗？但是，由于地球绕轴自转，使得我们远离太阳这颗巨大的生命光球，而转向了无数颗其他恒星，当这些恒星距离我们更远的时候，它们中很大一部分会让我们的主星显得微不足道。因此，这个答案比我们想象中的更深刻，会带领我们洞察所生活的宇宙的本质。

　　回想一下前几代人都认同的宇宙真理。天空中的太

阳、月球、行星以及恒星总是会在落下后再升起。这些
事情是众所周知，并且永恒不变的。基于以上观察经验，
我们的祖先得出了关于宇宙的以下结论：

（ⅰ）宇宙在各个方向上都是一样的，因为在每个方
向上都能看到恒星（我们称之为均匀宇宙）；

（ⅱ）宇宙是一成不变的，且永远保持不变，因为宇
宙每年并没有发生任何变化（一个静止的宇宙）；

（ⅲ）宇宙是无限的，因为经过几个世纪的发展，望
远镜不断增多，随之而来的是我们发现了天空中各个角
落越来越多的较暗恒星。

如果这些关于宇宙的结论属实的话，那么我们观测
太空的每一条视线上的每一个终点都将有一颗恒星存在。
试想一下，在一小块或许只有拇指那么大的天空中，挂
着一轮满月，你可以用你的拇指遮挡住月亮。而在现实
生活中，我们都很清楚，月球比我们的拇指要大得多。
事实上，假设我的拇指是直径约为 1.5 厘米的圆形，那
么我只有将这个圆形放大至 5000 万亿倍才能覆盖真实的

月球平面。而在地球上，我的单个拇指就可以遮挡住整个月球，且月球距离我仅一臂之遥。如果我的手臂能够伸长至 2 倍的长度，那么在 2 倍的距离就需要 4 个圆形才能遮挡住整个满月；再扩大 2 倍的距离，则需要 16 个圆形。

现在，如果手臂伸得还不够长，请想象一下我的拇指会发光。它距离我越近，就会显得越亮；它距离我越远，就会显得越暗。这就是我们熟知的在夜晚过马路时，可以通过汽车前灯的亮度来判断一辆汽车距离我们有多远。天文学家早已知道物体随着距离的变化会变得多暗淡，这取决于距离的平方。因此，如果我们走了 2 倍远，物体就变为 4 倍暗，因为 $2^2=2 \times 2=4$；如果我们走了 3 倍远，物体就变为 9 倍暗；如果我们走了 10 倍远，那么物体将变为 100 倍暗。

因此，如果我们将我那根发着光的拇指延伸至 2 倍长的手臂上，我就需要 4 个发光的拇指才能遮挡住月亮，那时候它们将变暗 4 倍。这两个效应相互抵消，以至于我的这四个拇指和一个手臂距离时的那个拇指一样亮。现在试想一下，我的手臂长度伸长至 100 倍，这样我们就有 10000 个拇指，相当于 10000 倍暗，但却依然和一臂之远的单个拇指一样亮——依此类推，直到无限。

发光的拇指这个比喻可能比较空洞无力，但确实是我很喜欢的。因为如果用恒星代替发光的拇指，用光年代替手臂的长度，即使真的拥有这么大的参照物和距离，得出的结论和发光的拇指也是一样的。如果在 1 光年距离的天空中有一颗恒星，那么将在 2 倍距离的同样天空中有 4 颗恒星，而且比之前暗 4 倍。

假设我们现在观测的是整个夜空，夜空中的恒星是均匀分布的，每个方向的数量都相同且无限多。不论我们从哪个方向上看，每一光年的距离上都拥有相等亮度的恒星。随着距离的增加，夜空将会变得光彩炫目！那么，夜空为什么却是黑暗的呢？一位同样思考过这个问题的人——埃德加·爱伦·坡（Edgar Allan Poe）——曾经在他的一篇文章中谈到这一点：

如果恒星数量无穷，那么天空的背景就会呈现出均匀的亮度，就像银河系显示的那样——但这种假设没有任何意义，因为在这样的背景中，从任何一个方向上都会看到一颗恒星，绝对没有不存在恒星的视线终点。因此，我们能够理解望远镜在无数方向上发现黑暗的唯一可能，就是假设中看不见的遥远背景，远到我们根本无法感受到光线的存在。[1]

埃德加专注于夜空黑暗研究的一个原因是：宇宙并非无限古老。宇宙自诞生以来就有一个特定的年龄，并以年为单位。再加上我们以上的三个假设，并考虑到光速有个极限，抵达地球仍然需要一定的时间。因此我们只能看到自宇宙诞生以来有足够时间到达地球的恒星光。我们都知道，宇宙是在 138 亿年前的一场大爆炸中诞生的，由于光需要一定的时间才能到达地球，这就存在一个"可观测宇宙"的概念，在这个可观测宇宙以外，我们无法看到任何恒星。

但是宇宙大爆炸告诉我们：宇宙并不是无限的。相反，宇宙的规模是有限的。所以不仅光需要时间才能到

---

1 节选自埃德加·爱伦·坡《我得之矣》。
E. A. Poe (1848). *Eureka: A Prose Poem*. Geo. P. Putnam, New York.

达我们，我们的每一条视线也不能到达无限远的距离。因此，我们无法看到点亮夜空的无数颗恒星。

与此同时，我们必须牢记，宇宙始终在膨胀，因为空间本身在不断地扩展。空间的膨胀延长了穿越它的光的路程。在宇宙中，光延伸得越远，它的红移就越明显，这就好像宇宙中的恒星一摇一摆地远离我们而去，它们与哈勃观测到的早期星系的距离也在不断拉开。但是，空间已经扩展到如此之大，以至于宇宙中最遥远天体的可见光都被延伸到可见的红光之外，进入红外线甚至宇宙微波背景中。于是，这些光就无法被我们的眼睛观测到。同理可证，在现实中，夜空中的真正光辉也是完全藏匿，且不为人知的。

8

第八课

可能真的有外星人

当人们知道我是一名天文学家时，他们就想问我一些关于外星人的事情。具体来讲，他们想知道，是否有类似于人类的智慧生命形式存在于浩瀚宇宙的某处。我会告诉他们，这个问题更像哲学家的研究范畴，而我的研究范畴是星系中的黑洞，因此我不会主动去评论这个人类有史以来提出的最大难题的合理性。不过，如果真的有人问我这个问题，我的回答如下。

在由 1000 多亿颗恒星组成的星系中，我们的地球是一颗围绕恒星运行的行星。因此，如果我们假设 1000 亿颗恒星中存在一个能够孕育生命的恒星系统，这也是合理的。然而，这并不一定是真的，因为我们的太阳是一颗中等大小的恒星，既不太热，也不太冷；既不能量充沛，产生的能量又很稳定。就恒星而言，太阳很小且寿命很长。并非所有恒星都和太阳一样：恒星越大，它们燃烧燃料的速度越快，而最小的恒星燃烧氢燃料的速度就慢得多。因此，如果一颗围绕另一颗恒星运行的行星能够孕育类似人类的智慧生命，那么这颗恒星就必须和太阳一样长寿。

在我们确定宇宙存在满足这些条件的地方之前，首先需要知道太阳的寿命是多少，以及地球上繁衍智慧生命具体需要多长时间。为了做到这些，我们应该先了解太阳的总能量是多少。恒星自给燃料的方式，是在核聚变过程中将 4 个氢原子（每个氢原子都含有 1 个质子）转化为 1 个氦原子（包含 2 个质子和 2 个中子）。但是 1 个氦原子比 4 个氢原子轻 7/1000。那么，消失的质量去哪里了？

你应该听说过爱因斯坦最著名的方程式，$E=mc^2$。这里的 E 代表能量，m 代表质量，而 c 则代表麻烦的光速。这个方程式完美地支持了物理学最基本的原理之一：能量和质量实质上是一样的东西。所以，4 个氢原子和氦原子之间的质量差异根本没有"消失"，而是转化成了能量。我们应该感谢这种能量，因为它提供了使地球生命能够茁壮成长的温暖，同时还提供了种植食物以及去海边旅行的可能性。

如果我们测量太阳的体积，了解氢的密度，就可以计算出太阳的质量及其拥有的能量。首先，注意整个太阳实际上并不会转化成氦，因为只有 10% 的太阳内部温度高到能够促使氢原子聚集在一起转化为氦。因此，我们需要计算出太阳中心可以转化为能量的质量究竟是多少，然后将其与太阳的亮度进行比较，即太阳每秒释放出多少能量。接着，我们计算太阳内的燃料大概会持续几秒钟的时间。综合所有这些计算结果，我们就能知道太阳的寿命大概在 100 亿年左右。

下一步，通过使用放射性碳定年法研究坠落地球的小行星，我们可以计算出太阳自形成以来燃烧燃料的时间。这些小行星是太阳形成初期太阳系的遗迹。最古老的小行星大约有 50 亿年的寿命，因此我们猜测太阳的寿命是最古老小行星的一半。专家认为这些行星花了大概 1 亿年的时间形成，又花了 5 亿年时间在原始地球上孕育出生命（至少是非常简单的生命，例如细菌）。但我们还需要花整整 50 亿年，才能孕育出足够智慧且有能力离开地球的生命，并思考我们是否能够找到外星生命。

这就排除了所有超过太阳质量 2 倍的恒星的可能性，因为它们的燃料很快就会耗尽，因此不具备孕育生命的时间。如果有一颗比太阳更小，且比太阳温度更低的恒星，那么为了达到适合生命生长的温度，绕轨道运行的行星必须离恒星更近。但是当行星离恒星较近的时候，就有可能发生大气沸腾的危险情况，甚至其轨道都可能被潮汐力锁定。以金星为例，金星的一天比一年还长。所以一整年内，金星的一面在太阳强烈的照射下灼热，而另一面却是无限寒冷的夜晚。

也许，并不是每千亿颗恒星中就有一颗能够孕育出生命，而是每万亿颗恒星中才有一颗大小合适、可以燃烧足够长的时间，并拥有能够在正确的位置上运行的行星。然而，我们还必须考虑太阳在银河系中的位置。我们的太阳系位于银河系的旋臂边缘，既不靠近边缘和星系空间，也不靠近超大质量黑洞存在的能够产生大量高能辐射的致密中心。不管怎样，辐射都会杀死非银河系宜居带中围绕恒星运行的行星上的所有生命。

此外，行星还需要具备一定的分子结构，例如碳链、水和氨基酸。所有这些都含有碳、氧和氮，并且都是在宇宙的大熔炉中制造的——那些比太阳质量更大的恒星燃烧得又快又亮，最后向外爆炸，我们称这个过程为超新星爆发。在超新星爆发的过程中，失控的聚变将 3 个氦原子转化为碳，4个氦原子转变为氧气，直到出现铁元素，所有这些元素都被抛掷到太空。所以，恒星一定形成于宇宙某个有恒星残骸的地方，那些碳、氧、氮等元素都是生命存在的必要条件。这也许就带给了我们几十亿分之一的繁衍可能。恒星一旦形成，行星也会形成赋予生命的元素，恒星周围既不热也不冷的轨道带就是行星运行的最佳轨道。不仅如此，行星轨道还需要保持在宜居带上。这可能听起来很容易，但当我们模拟出行星从恒星周围的混乱中形成的具体过程时，就会发现它们往往喜欢绕着恒星移动，并朝恒星的方向向内迁移。这很好地解释了，我们一直在探测的那些类似炽热木星的系外行星是如何在其恒星周围形成的。事实上，考虑到在银河系其他地方，这些类似炽热木星的行星都很活跃，那么木星在我们太阳系内的位置就显得比较奇怪，而且木星距离太阳还不如地球近。木星只有通过与土星的相互作用，才能阻止其不朝太阳的方向向内迁移，且将在运行过程中不可避免地破坏其他行星。如果真是这样，那么地球的轨道很可能就会被打乱，要么木星会将我们从太阳附近珍贵的宜居带踢走，要么我们会像弹弓一样被发射离开太阳系。如果我们保守地认为这一切都不可能发生，那么难道不会有千万亿分之一的可能性吗？

当我们想到这么大的分母（1后面有18个0）时，就表明在"仅"包含1000亿颗恒星的银河系中，另一颗行星能够孕育生命的概率微乎其微。不过，银河系并不是宇宙中唯一的星系。当我们仰望天空时，视线所及的每一处都能看到数十亿颗恒星组成的星岛。它们有着各种各样的形状和大小：螺旋形、水滴状、火车残骸状，甚至是企鹅形状。用物理统计出宇宙中的星系数量几乎是不可能的，一个原因是有那么多的星系存在，另一个原因是我们怎么确定已经找到了它们呢？

我们可以通过著名的哈勃太空望远镜（HST）10年前拍摄的一幅图像对其设定一个下限值。天文学家决定用HST观察我们熟悉的那片最黑暗的天空，也就是位于南半球夜空的天炉座（Fornax），看看是否能找到什么新发现。望远镜拍摄到了一张2×2弧分平方的天空。弧分（arcminute）是一个很有意思的数学单位——1弧度为60弧分，1弧分又分为60弧秒。整片天空为360°，那么望远镜拍摄到的是其中很小一块天空，大小相当于天空中满月大小的 5%。天文学家并不知道他们会在这一小块黑暗天空中发现什么，但最新研究显示，这里面的星系数目大约在 5000 个左右。从邻近美丽的螺旋式星系到遥远的星系，我们观测的一切都只是一个简单的像素而已。

如果我们把那个数字应用到天空中的其他区域，那么就可以估算出宇宙中至少存在 1000 亿个星系。由于这张图像对应的是天空中最黑暗的部分，因此我们应该可以在其他区域内看到更多星系（还要算上那些仍然太暗导致我们无法看到的）。很有可能在数字后还要加上一些 0 才对，那么我们就估算至少存在 10000 亿个星系。不仅如此，我们假设每个星系都包含 1000 亿颗恒星，可以推断出宇宙中至少存在 10^{23} 颗恒星。如果千万亿颗恒星中的一颗恒星能够孕育生命，并且宇宙中至少有 10^{23} 颗恒星的话，那么在浩瀚的太空中或许就会有 10 万颗行星符合孕育智慧生命的条件。

作为一个为人熟知并一直思考这些数据的天体物理学家，人们经常会问我：为什么没有被这些数据击垮？当我目不转睛地盯着天空的时候，是如何做到不因为宇宙之大以及我们人类的渺小而感到焦虑的呢？首先，在日常生活中，不论我是坐在办公桌旁计算数据，还是在办公室、家里或列车上，根本就没有时间停下来焦虑。当我看着银河系在头顶延伸成一条巨大的星弧，感受夜空的壮美时，我并不因此感到焦虑。我感受到的是无限的未来，就好像那里充满了无限的可能性，而我也有幸成为其中的一部分。宇宙的浩瀚并没有吓退我，反而使我感到兴奋。就像在一本优秀的探险小说中，主人公在故事的开端就渴望见识外面的世界，并离开他的故乡小镇。当我抬起头望向天空，想到那里有庞大数目的恒星时，就会情不自禁地得出结论：我们地球肯定不是唯一一颗在智慧生命游戏中出牌的星球。

9

第九课

先有鸡还是先有蛋

先有鸡还是先有蛋？达尔文的进化论可以帮助我们明确地回答这个问题。但是，天文学界提出了一个更令人兴奋的问题：先有星系还是先有黑洞？

正如我所说的，我们认为在整个恒星系统的引力驱动机制上，每个星系中心都存在着一个超大质量黑洞。那么是先形成黑洞，然后才轮到引力槽附近形成恒星星系呢？还是先形成星系，然后一颗恒星引发超新星爆炸，随之形成一个小黑洞呢？这个小黑洞一直长大，直至在星系中心位置稳定存在，是否是因为它已经变成星系中质量最大的天体了呢？

这个问题似乎没有正确答案，因为这发生于宇宙大爆炸后的早期宇宙阶段。但我们可以观察早期宇宙的星系以及宇宙大爆炸遗留下来的线索，试着解决这个问题。在宇宙大爆炸之后某一段特定时间内，宇宙空间比现在小得多，因此宇宙中的所有物质都被压缩在一个很小的空间内。宇宙也因此通过很小范围内粒子间的碰撞变得更加密集且有活力。这意味着宇宙大爆炸之后的极短时间内，宇宙"大粒子汤"是非常炙热的，连质子都无法存在。直到大爆炸发生 1 秒之后，质子才出现。尽管这段时间听起来并不算很长，但在这一秒内却发生了许许多多的事情。

在较小的夸克粒子形成质子之前，宇宙迅速膨胀，以至于在 10^{-31} 秒内就膨胀到 10^{26} 倍大小。这就是我们所谓的宇宙膨胀。这也是宇宙有史以来膨胀的最大速度，我们应该心存感恩，因为这意味着第一批恒星和星系得以形成。在宇宙膨胀之前，极少量的正常物质和暗物质粒子会在引力的作用下聚集到一起，这表明有些区域中包含的粒子会多一些，而有些区域中包含的粒子会少一些。在宇宙膨胀的过程中，这些密度较高区域和密度较低区域深深地烙印在整个宇宙中。这就是我们的宇宙从每个方向看都是一样的最主要原因之一。

当宇宙冷却到一定程度时，质子和中子形成，一旦空间膨胀到足以使氢和氦原子通过结合电子形成稳定结构，这样算下来，自宇宙大爆炸发生以来大约过去了 38 万年。由于宇宙膨胀，需要更多类似氢和氦的元素在更致密的区域内形成，在密度较小的区域则数量偏少。这意味着这些新形成的巨大氢气云可能会在引力作用下开始冷却并坍缩，形成第一批恒星，我们估算这个过程大概花费了 1.5 亿年之久。这些致密区域表明，更多恒星正在空间的某些区域内形成，它们因为引力聚集到了一起，形成了第一个星系。

　　但是如何才能在这些新形成的星系中心继续形成一个超大质量黑洞呢？我们可以等待一颗巨星变成超新星。这颗巨星也许是一颗比太阳质量大 100 倍的恒星，当它耗尽燃料、爆炸并将其物质抛掷至太空时，剩下的核心会在自身引力作用下坍缩，并最终形成质量约为太阳质量 10 倍的黑洞。然后，黑洞就可以吸积这些被超新星抛出的物质，从而使质量变得更大。还有两颗较小的恒星可能变成了超新星，它们的质量还不足以使其核心坍缩成一个黑洞。在这种情况下，它们都会坍缩成一颗中子星，我们都知道中子星的密度很大：中子被完美地密封包装排列在一个晶体中。如果这两颗中子星合并，那么将出现一个黑洞。不过，在我们到达黑洞疆域之前还需要恒星的形成、存活以及消亡。即便如此，形成的黑洞只比太阳重了 10 倍左右。[1] 当它们的质量至少是太阳的 100 万倍时，它们必须继续变大才能达到超大质量黑洞的标准。

你可能认为，如果这样，它们就能够一次性全部吸积完毕，但这在物理学上是说不通的。吸积率仅限于我们所谓的爱丁顿吸积极限概念（Eddington accretion limit）。这是因为当黑洞周围的螺旋物质由于摩擦而升温，并开始发光的时候，周围的压力也随之增加。发出的光具有很高的能量，所以当它影响到其他物质的时候，就会引起类似一股强风，把物质从黑洞中吹走的效果，这阻止了黑洞吸积过多的物质。所以，在最大的吸积速度下，一个黑洞可能需要历经 8 亿年的时间才能生长至太阳质量的 8 亿倍大小。这是我们有史以来见过的最遥

1　恒星本身的质量是有限的，因为它们每秒只能燃烧这么多的燃料抵抗引力不断向内的拉力。恒星越重，燃烧燃料的速度就越快，这样才能抵消更大的引力。也就是说，最终从恒星的残余核心形成的黑洞在第一次形成的时候，质量也是有限的。

远的生长超大质量黑洞的质量——我们从这个黑洞探测到的光是宇宙大爆炸后过了 8 亿年发射出来的。

尽管一个超大质量黑洞能够通过等待超新星爆发，然后以尽可能长的时间以最大速率生长，但我们新形成的宇宙在宇宙大爆炸后仍需要 1.5 亿年才能冷却到恒星能够形成的程度。然而，对于一颗即将转变为超新星的恒星来说，它必须生存下去，并且耗尽燃料，这又需要花 1000 万年左右的时间。也就是说，我们必须在 6.4 亿年内制作出一个超大质量黑洞，而非 8 亿年。此外，这个假设估计黑洞将会在整个过程中以最大速率吸积物质，这是几乎不可能发生的事情。当黑洞吸积更多的物质时，物质就会变得更热，会有更大的压力使物质远离黑洞。因此，当黑洞开始以最大速率吸积的时候，就会及时搬起石头砸自己的脚。最后，黑洞只进行了少量的吸积，先是出现最大速率的吸积，再进入相对安静的时期，那时候黑洞周围的气体完全冷却下来，准备开始再次吸积。

还有一种可能，黑洞可以通过与其他黑洞合并增长其质量。请记住，我们已经探测到了银河系黑洞合并时产生的引力波，所以我们知道这是很有可能发生的情况。

我们能够假设黑洞总是和另一个相同质量的黑洞合并，那么它们一共需要合并多少次呢？黑洞实际上会随着每次合并而加倍地增大质量。然而，在如此短的时间内就达到超大质量等级所需要的合并次数，要求太高了。如果我们真的能够做到把这么多黑洞快速扔到一起，就能看到最终形成的一个巨大的黑洞群，黑洞群内的黑洞各自围绕着另一个黑洞超速运行着，这将破坏每一个黑洞的轨道，将其中一些黑洞弹射出黑洞群之外，如此一来，它们将永远无法完成合并的过程。合并过程中的引力作用也会破坏黑洞吸积物质的能力，排除了吸积和合并结合产生超大质量黑洞的可能性。这是一个仍然困扰着天体物理学家的问题：超大质量黑洞是如何在早期宇宙中变得如此之大，且如此之快的？

有人提出了另一种理论，但这个理论并不能让所有人信服。这个理论阐述的是在早期宇宙中，可以从巨大的氢气云中直接坍缩出比太阳质量大 1 万倍的黑洞。试想一下，在早期的宇宙中有两团巨大的气体云彼此相邻，其中一团气体云设法冷却，在引力作用下坍缩，并在另一团气体云有所行动之前开始形成恒星。从这些恒星发出的能量和光都将加热附近的气体云，从而阻止它冷却并形成恒星。但这也是宇宙最致密的一个部分，因此气体云会吸引别处更多的气体和暗物质，使其质量变得更大。气体云会这样一直增加质量，但是对于气体中的粒子来说，还是没有达到一定的冷却程度，气体云中的粒子无法在一个地方停留足够长的时间，进而无法发生坍缩并形成恒星。最终，气体云中所含的物质总质量，包括正常物质和暗物质都变得太大了，以至于整个气体云在引力作用下坍缩形成一个黑洞。

这就是宇宙中最致密空间中质量最大的物质，恒星则将围绕这个区域形成和运行，最终形成一个星系。在这个假设中，黑洞首先形成，并且一开始就位于星系的中央，并不是星系先形成，然后才在中央位置坍缩出一个黑洞。与先有鸡，还是先有蛋这个问题的答案相似，答案是黑洞先形成，它是由两个还不是星系的天体创造出来的。

当理论家在计算机上模拟早期宇宙的时候，他们发现，如果将直接坍缩黑洞的形成过程添加到模型内，就能实现我们对遥远星系及其超大质量黑洞的同时观测。

虽然这个理论已经被理论家确认过了，但我是一个观察者，我想知道我们是否有机会能够观测到这种坍缩情况的发生。幸运的是，一些天文学家认为，他们找到了很好的候选对象。那是一个由哈勃太空望远镜发现的被称为"宇宙红移 7 号"（CR7）的天体，这个天体发出的光来自宇宙诞生后的 8 亿年。当我们通过棱镜把光从物体上分离出来，获取显示该物体元素特征的光谱时，我们发现了氢发射出的大量高能量，但是几乎没有任何一个特征与恒星相关联。氢发射过程中也出现了比其余发射量更大的红移现象，这表明它正围绕着 CR7 中的质量较大的天体运行。所有这些数据都显示，这个物体很可能就是一个正在生长着的超大质量黑洞，但到目前为止，在它的周围还没有观测到任何恒星形成。

找出更多类似的天体就是解决这个问题的关键——然而这绝非易事。我们面临的问题是，随着宇宙中的物体越飘越远，我们用来追踪超大质量黑洞活动，以及恒星形成过程的特征会逐渐发生红移，导致我们再也无法在可见光下看到它们。换句话说，哈勃太空望远镜只能看到这么远的距离，再远就什么也看不到了。美国国家航空航天局和欧洲航天局（ESA）计划在 2021 年前启动另一项被称为詹姆斯·韦伯太空望远镜（James Webb Space Telescope）的任务，这是一件好事。这个望远镜将在红外波段下观测宇宙。当光从可见光波长红移到红外波长时，我们可以借助詹姆斯·韦伯太空望远镜看到来自遥远天体发出的光。对詹姆斯·韦伯太空望远镜而言，这个赌注和期望值已经非常高了，但并没有解决天体物理学中那个老生常谈的问题——先有鸡，还是先有蛋？

10

第十课

**我们不懂的
地方还很多**

　　有一种流行的方式可以用来思考我们知道和不知道的事情。首先是已知的已知事件——比如地球是一个球体，比如有行星围绕其他恒星运行，比如宇宙正在膨胀。其次是我们已知的未知事件——比如我们不知道暗物质的具体构成，不知道黑洞中物质的形态，也不知道直接坍缩形成的黑洞是否有可能存在。再次，是我们未知的未知事件（那些我们不知道、不明白的事情），一些事后的认知为我们提供了相关例子：居里夫人在铀实验后发现了其放射性，又或者富兰克林发现了电。谢天谢地，即使我们对这些未知事件一无所知，我们仍然活得好好的，并且期待着未来的发现或许会再次改变地球上的人类景观。

　　到目前为止，我最喜欢的是第四类：未知的已知事件。这指的是我们知道，但却琢磨不透的事情。这一点着实令我着迷。什么事情是我们已经在理论上了解或者有办法了解，却还没有真正了解的呢？例如，在我们知道星系是银河系之外的恒星孤岛之前，一个叫梅西耶的人就在 1771 年将天空中所有非恒星的模糊天体进行归类了。在这张十分详尽的清单中，他列出的第 58 个天体，实际上是 6800 万光年外的一个星系。在当时，这个天体是宇宙中最遥远的观测对象，但梅西耶本人并不知情。

　　另一个未知的已知事件的完美例子是名为"史蒂夫"（Steve）极光。"史蒂夫"极光给我们所有现代人都上了一课，整个人类的知识体系在这里都无法对其进行解释。在 2015 年和 2016 年间，一个由业余天文学家和狂热的天文摄影爱好者组成的阿尔伯塔省极光追逐者（Alberta Aurora Chasers）小组，一直在捕捉从未见过的北极光有趣变化的图片。他们捕捉的北极光是一条从东边天空划向西边天空，长长的、略带白色和紫色条纹的发光带，它显然不属于普通的极光，因为普通的极光是闪烁着绿色和粉红色的狭长光。这种变异现象是由太阳风中的高能电子引起的，这些电子被地球磁场卷进两极，在两极与大气中的元素互换能量，从而引起发光现象。阿尔伯塔省极光追逐者小组认为这种条纹光属于另一种极光，由高能质子，而非太阳风携带的高能电子撞击地球高层大气引起。所以，他们将这些穿过大半个天空的条纹发光带称为质子弧。

后来在一次会议上，该小组给专业的天文学家展示了一些他们拍摄的极光图片。这位专家就是研究了20余年极光的天文学副教授埃里克·多诺万（Eric Donovan），但他从未见过这些图片中的条纹光。多诺万立刻就说这条纹光肯定不是质子弧，因为由质子构成的极光是不会发出任何可见光的，我们用肉眼是无法看到的。于是阿尔伯塔省极光追逐者小组将这些奇怪的条纹光命名为"史蒂夫"极光，该名字的灵感来源于一部儿童动画电影《篱笆墙外》（Over the Hedge），在这部电影中，主人公们将他们害怕的或不理解的东西统统称为"史蒂夫"。

后来随着专家对"史蒂夫"极光的进一步调查研究，他们发现它根本不算是一种很罕见的现象，我们实际上还可以在更靠近赤道的地方看到这种现象。但问题是，专家只是用两架全天空照相机在加拿大上空寻找，他们从来没有机会利用卫星数据来研究。我们还不能完全了解"史蒂夫"极光究竟是什么，以及它出现在天空中的原因是什么。但是，该研究仍在进行中，希望世界各地的公民科学家看到天空中出现"史蒂夫"极光的时候能够及时报告。[1]

我喜欢这个故事，首先因为它表明世界上任何一个人都能够做出科学发现，而且它还告诉我们一个道理，永远不要以为我们已经知道了所有的一切。来自阿尔伯塔省极光追逐者小组的公民科学家在天空中发现"史蒂夫"极光以后，都认为这是一种众所周知的现象——也许你们，我亲爱的读者们，已经看到过"史蒂夫"极光，并且也是这么认为。这是我们所有人都可能掉进的一个圈套：我们以为在21世纪，我们对一切都已经了如指掌，所有东西都已经被记录在互联网上。但其实我们学习的进步空间还有很大，学习绝不止于教室之内。

另一个关于未知的已知事件的经典故事，是由公民科学家而非"专家"发现的——"哈妮天体"（Hanny's Voorwerp）。这个故事可以追溯至2007年，天文学家建立了一个名为Galaxy Zoo（星系动物园）的网站，该网站呼吁社会大众协助将星系中100多万张图像的形状进行分类。事实证明，"星系动物园"计划非常成功，全球

1　想了解NASA的极光报告项目请登录aurorasaurus.org官网。

有超过 30 万人 [1] 都参与到这项最前沿的科学研究中。在此之前，这些图像一直被闲置于计算机的硬盘内，主要是由于世界上没有足够数量的专家能够亲力亲为地审阅如此庞大的数据图像，因此任何登录该网站的人都有机会成为看到未命名星系图像的第一人（这其实也是大数据的风险之一——大数据是当今大多数科学领域的流行语，如果没有系统化的分析、整理，结果就可能是大海捞针，徒劳无功）。

　　荷兰大学教师哈妮·范·阿克尔（Hanny van Arkel）是"星系动物园"网站的成员之一。当她对星系的形状进行分类时，看到一张图像显示银河系下面有一处模糊的蓝色斑点。哈妮对这张图像产生了好奇，于是把它发布在网站的论坛上，希望网友能帮忙解答这个蓝色污点到底是什么。"星系动物园"团队的专家们都被难住了，此前他们从未见过这样的东西，而且不确定这是真实的天体还是当时的拍摄方式出现了问题。如果是真实的天

1　galaxyzoo.org 的活动仍在继续，需要人们继续帮忙分类。作为天文学家，我们从未停止过拍摄宇宙的照片，所以我们永远都需要有人帮忙审阅这些照片。

体，那么专家无法仅凭一张图像就判定它是否位于我们银河系的前方，或者是和银河系有着相同的距离，又或者是位于银河系的后方。

首要任务是确认它是否是真实的天体——事实证明它是——然后就要通过利用来自银河系和蓝色斑点的光谱红移来估算它与我们之间的距离。结果显示两个天体的红移一致，于是"星系动物园"团队就知道银河系和蓝色斑点彼此的距离相同。哈勃太空望远镜对该斑点拍摄的图像显示，这是一团具有复杂结构，且富含氧气的气体，因此原图中的蓝点才会发光。一团复杂的发光气体在银河系之外被发现，算是一种比较奇怪的存在，特别是这种由于氧气才会发光的现象，因为这需要拥有大量的能量才能让氧气发光。

科学小组最终推断，图像中的星系有一个小得多的伴星星系围绕着它运行。伴星星系已经划过了更大的星系，并与其产生了引力作用。这股相互作用的力量将伴星星系中的气体剥离成一条长长的潮汐式尾状物。较大的星系也受到了这些引力作用的影响，它打乱了星系中心，并引起物质向超大质量黑洞坠落。这个黑洞太过于贪婪，以至于一些来自较大星系的物质不得不以光速像一股巨大的喷流喷射进这个黑洞。这些喷流对从较小星系中剥离的气体产生了影响，使其中的氧气发光。不过，星系中央的超大质量黑洞已经不再活跃地生长，所以我们看不到它在那里。我们称这种现象为类星体光电离回声（a quasar light ionisation echo），因为它告诉我们黑洞曾经活跃过，但现在已经不活跃了。

奇妙的是，当"星系动物园"成员知道大家正在寻找图像中的模糊蓝色斑点后，他们在 100 万张原始图像中又发现了另外 40 张。这意味着专家们得到了一个完整的样本，可以从众多原始图像中挑选出来进行研究。如果没有一个人的好奇心，那么这些就不可能被发现，这个人就是教师哈妮。她将那个天体发在论坛上询问它是什么，其他用户就开始称它为"哈妮天体"。因此，这些类星体光电离回声在当今的天文杂志文章中被称为 voorwerpjes（一个神奇的名词，很适合被添加到类星体和夸克的天文词汇表中）。不过，voorwerp 的英文直译其实是 thingy（那东西）。这也是这个故事中最吸引我的部分。

当哈妮第一次发布关于奇怪的 voorwerp 的问题时，她并不知道这个问题会导致什么结果。我们将这种行为称为一种"没有实用价值"的研究。即研究的出发点并不是为了某种需求，例如想要治疗某种疾病或想要解决某些问题，仅仅是为了实验而实验。

当面对纳税人的集体呼吁"天文学家到底为我们做过什么贡献？"时，我们常常会为天文学研究进行辩护。询问人类在宇宙中的位置这个问题对我们有什么好处？在我看来，好奇心就是最好的老师，但通常还会有其他一些无法预料的，关于人类已有知识体系或技术的事态进展，最终会被证明是无价的。为了让我们在宇宙中看清那些更模糊、距离更远的天体而研发的成像技术和相机，现在被运用到医学成像扫描仪中，帮助我们诊断一系列疾病。为了取代照相底片而发明的数码探测器，现在被应用于我们随身携带的移动设备中，而最早则是为了给天文学家提供更精确的方法来测量天体亮度。类似的袖珍设备，也受益于天文学家为了提高数据传输能力，而开发出增强和改善 Wi-Fi 信号的方法。所有这些都是技术上的进步，而正是因为这些技术，我们绝大多数人才能轻松地表示：如果没有它们，我们将难以生存。

因此，尽管这本书涵盖的主题看似不够符合实际，并且超出了我们日常生活的范畴，但找出这些问题的答案却能丰富我们的日常生活。如果我们认为现在的一切都是已知的，应该就此停下探索宇宙的脚步，那就是我们的不对了。我们不懂的地方还有很多。这意味着我们可以期待获取更多的知识，并了解我们称之为"家"的宇宙。

当我们还在孩童阶段时，我们就具备一种天生的好奇心，当我们长大成人，这种好奇心会消失殆尽。或许，如果我们都能在 21 世纪的快节奏生活中抽出一些时间，只需要简单地仰望夜空，并思考我们还不知道的那些事情，就可以再次满足所有人与生俱来的孩童般的好奇心。因为好奇心才是推动科学进步的真正驱动力。如果没有好奇心，我们将永远无法理解宇宙的真实、庄严、复杂和神秘，以及它的所有荣耀。

Acknowledgements
致谢

两年前，你会听到我自信地说，再给我 10 亿年我都不会写书，宇宙中怎么会有人类有足够的耐心坐下来写整本书呢？

从某种程度上讲，我写作的阻碍来源于我的高中英语老师。老师认为，如果我用自己的说话方式来写作，就不会成为一个好作家。事实证明，以通俗易懂的说话方式来写作，对一本通俗的科普书来说可能是一件好事。我还没有意识到，写书时会有一些很棒的编辑帮我润色文字，让我看起来更有才华。因此，感谢 Orion 的 Emily、Anne 和 Jennifer，感谢你们将我的科学词语"呕吐物"变得优雅简洁——为表公正，我用了之前曾在手稿中使用的词。